Fit für die 3. Klasse

Deutsch

Mathematik

Ravensburger Buchverlag

Zu diesem Heft

- Im Heft findest du Regeln und Tipps, die dir beim Lösen der Aufgaben helfen.

- Aufgepasst:
  Die Aufgaben mit einer  sind etwas schwieriger.

- Lege die  auf die roten Lösungsfelder, dann werden die richtigen Ergebnisse sichtbar.

- Lege ein leeres Heft bereit, in dem du die Aufgaben bearbeiten kannst.

- Mache regelmäßig Lernpausen: Öffne das Fenster und bewege dich in dieser Zeit. Danach kannst du dich besser konzentrieren.

Deutsch:

Namenwort	– Hauptwort, Nomen, Substantiv
Tunwort	– Zeitwort, Verb
Wiewort	– Eigenschaftswort, Adjektiv
Begleiter	– Artikel
Selbstlaut	– Vokal
Mitlaut	– Konsonant

Mathematik:

addieren	– zusammenzählen
subtrahieren	– abziehen
multiplizieren	– malnehmen
dividieren	– teilen

Rechtschreiben

Namenwörter

1 Lara und Moni sind im Zeltlager. Sie machen ein Picknick. Was brauchen sie? Kreise die Wörter im Rätsel ein. Schreibe sie mit Begleiter auf.

D	E	C	K	E	A	F	U	A
L	B	H	E	W	Ä	Ö	I	P
S	R	R	K	Ä	S	E	J	F
C	O	Ä	S	Ö	K	T	Ä	E
D	T	B	A	N	A	N	E	L
E	C	G	L	E	S	W	Q	C
N	G	E	S	C	H	I	R	R

Regel Namenwörter sind Namen für Menschen, Dinge oder Tiere. Sie werden großgeschrieben. Namenwörter erkennst du daran, dass sie einen Begleiter haben.
Beispiel: der Turm, die Türme

2 Lara schreibt eine Postkarte. Sie hat einige Fehler gemacht. Welche Wörter sind Namenwörter und müssen großgeschrieben werden? Unterstreiche.

3 a) Verbinde die passenden Namenwörter.

b) Schreibe die zusammengesetzten Namenwörter mit Begleiter so auf:

die Wolle + die Decke = die Wolldecke

[redacted]

4 Suche zu jedem Wiewort das passende Namenwort.

Wiewörter

1 Was erleben Karlo und Konfetti auf der Radtour? Lies, was Karlo sagt. Wähle auf dem Busch sinnvolle Wiewörter für die Lücken aus.

„Wir hatten heute einen ____________ Tag.

Das Wetter war den ganzen Tag ____________ .

Das Picknick war ____________ .

Konfetti und ich haben auf der Wiese gespielt.

Meine Hosen sind ganz ____________ an den Knien.

Die Rückfahrt war sehr ________________ ,

weil der Weg immer bergauf ging.

Jetzt bin ich richtig ____________ ."

Regel Wiewörter beschreiben, wie Menschen, Tiere oder Dinge sind. Wiewörter werden kleingeschrieben. Nach Wiewörtern fragst du: Wie ist etwas?

2 Wie heißen die Gegensätze? Schreibe passende Wiewörter auf die Linien.

____

____

____

____

3 Was passt zusammen?
Verbinde die Wörter mit den richtigen Bildern und bilde damit Sätze.

bunt
hoch
gefährlich
grün
schmutzig

Der Turm ist hoch.

____

____

____

____

4 Wie heißt die richtige Steigerungsform?
Fülle die Lücken. Die *Regel* hilft dir.

Karlo ist lustig. Der Clown ist lustiger.

Der Tiger ist groß. Die Giraffe ist __________.

Knete ist weich. Watte ist __________.

Konfetti ist schwer. Karlo ist __________.

Eine Traube ist süß. Schokolade ist __________.

Regel Die meisten Wiewörter kannst du steigern.
Beispiel: schnell ⟶ schneller ⟶ am schnellsten

Tunwörter

1 Pia und ihre Freundin Lea gehen zum Schwimmen. Was machen die Kinder? Schau dir das Bild an und schreibe passende Tunwörter dazu auf.

____

____

Regel Tunwörter sagen dir, was jemand tut.
Sie werden kleingeschrieben.

2 Vor der Abfahrt hat Pias Mutter den Mädchen viele Ratschläge gegeben. Setze Tunwörter ein.

Auf der Decke könnt ihr … ☐☐☐☐☐☐.

Den Saft könnt ihr … ☐☐☐☐☐☐☐.

Die Brötchen könnt ihr … ☐☐☐☐☐.

Auf die Rutsche solltet ihr lieber nicht … ☐☐☐☐☐☐☐.

Den Abfall solltet ihr in den Mülleimer … ☐☐☐☐☐☐.

3 a) Nach dem Schwimmen spielen die Kinder ein Spiel. Sie machen verschiedene Bewegungen nach. Setze die Tunwörter richtig zusammen.

rasen, ______________________________

____

____

[illegible]

b) Schreibe die Tunwörter von oben passend in die Lücken.

Die Kinder ______________ wie ein Indianer.

Sie ______________ wie ein Känguru.

Sie ______________ wie ein Rennfahrer.

Sie ______________ wie ein Rennläufer.

Sie ______________ wie eine Schnecke.

Sie ______________ wie ein Hase.

4 Welche Tunwörter fehlen hier?

a) Es ist heiß. Die Sonne ______________ . [illegible]

b) Aus den Wolken fällt viel Wasser.

Es ______________ . [illegible]

c) Kleine Eisteilchen prasseln herunter.

Es ______________ . [illegible]

d) Weiße Flocken fallen vom Himmel.

Es ______________ . [illegible]

Doppelter Mitlaut

1 a) Lies den Text. Unterstreiche alle Wörter mit doppeltem Mitlaut. Schreibe sie auf.

Lars geht heute mit seinem Vater in den Tierpark. Die Sonne scheint warm vom Himmel herab. Lars darf die Affen mit Erdnüssen füttern. Aber er bekommt Angst, wenn die Löwen laut brüllen.

b) Lies die Wörter laut. Sprichst du den Selbstlaut vor dem doppelten Mitlaut kurz oder lang?

Regel Vor einem doppelten Mitlaut steht immer ein kurz gesprochener Selbstlaut, z. B. Bett.

2 Wie viele Wörter mit doppeltem Mitlaut findest du im Buchstabenkäfig? Kreise die Wörter ein und schreibe sie auf.

G	I	T	A	D	L	L	W
I	M	L	D	U	A	I	A
R	B	R	U	M	M	E	N
A	F	F	E	M	M	D	M
F	X	C	K	S	P	O	Ö
F	Ü	L	L	E	N	G	F
E	Z	U	F	V	T	B	K

[redacted]

3 Setze die fehlenden Buchstaben in die Lücken.

Auch Konfe ____ i ist im Tierpark dabei.
Er trägt eine Packung Tierfu ____ er im Maul und verschü ____ et die Hälfte davon. Neugierig schwi ____ en die Enten heran. Sie schna ____ ern aufgeregt und schna ____ en nach dem Fu ____ er.

4 Immer zwei Schildkröten ergeben zusammen ein Wort.
Verbinde sie. Schreibe die Wörter unten auf.

____

____

5 Bilde aus den Wortteilen auf den Blättern sinnvolle Wörter.

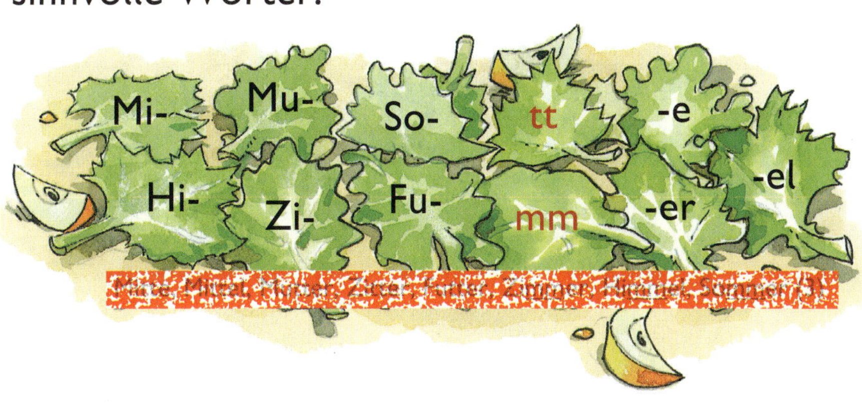

Wörter mit ie

1 Jans Nachbar ist Imker. Er erzählt Jan von seinen Bienen. Ergänze die fehlenden Buchstaben und schreibe die Wörter auf.

„Die B ie nen sind ganz fr ___ dlich.
Das glaubt fast n ___ mand.
S ___ kr ___ chen über meine Nase und
stechen n ___ . Willst du es einmal
prob ___ ren? Du darfst nur d ___ Ruhe
nicht verl ___ ren."

Bienen, ______________________________

____

____

2 Lies die Wörter oben laut und deutlich.
Wie sprichst du das *ie*: kurz oder lang? ___________

Tipp Sprichst du in einem Wort das *i* lang, schreibst du meistens ie, z. B. R<u>ie</u>se, t<u>ie</u>f, s<u>ie</u>gen.

3 Findest du die Wörter, die sich reimen?

sprießen	liegen
fl ___________	b ___________
g ___________	s ___________
schl ___________	fl ___________

4 Bilde Unsinnssätze mit den Wörtern auf den Bienenstöcken und schreibe sie auf.

Viele Diebe fliegen tief.

5 Konfetti hat insgesamt 13 Wörter mit *ie* versteckt. Findest du sie alle? Kreise die Wörter bunt ein und schreibe sie auf die Linien.

B	I	E	N	E	P	T	S
R	K	Ü	L	X	Y	Z	T
I	B	I	E	S	T	V	I
E	K	H	S	Ö	S	I	E
F	N	J	E	L	G	E	R
N	S	E	N	I	E	R	E
D	E	W	K	E	T	Ä	P
S	I	E	B	B	I	E	R

Wörter mit d/t und g/k

1 Karlo und Konfetti verbringen einen Tag am Strand.
Was gibt es dort alles zu sehen?
Schreibe die Wörter mit ihrem Begleiter auf.

 ______________

 ______________

 das ______________

die ______________

2 Welchen Laut hörst du am Ende der Wörter?
Welchen Buchstaben hast du geschrieben?

____

Tipp Damit du hörst, wie ein Wort am Ende geschrieben wird, musst du es verlängern.
Bilde bei Namenwörter die Mehrzahl: der Hund, die Hunde.
Setze Wiewörter vor ein Namenwort: lustig, das lustige Buch.

3 Fehlt der Buchstabe *d* oder *t*?
Verlängere zuerst das Wort. Setze dann den Endbuchstaben in die Muscheln ein.

gesun (d) – ein gesundes Brot
kal ( ) – ______________
das Lan ( ) – ______________
die Han ( ) – ______________
der Hu ( ) – ______________

4 Im Sommer fährt Anna oft mit dem Fahrrad an den Strand. Setze die fehlenden Buchstaben ein.

Eines Ta ___ es passiert Folgendes:

Anna stei ___ t auf ihr Fahrrad und radelt los.

Auf dem We ___ lie ___ t ein Stein.

Sie fällt hin. Ihr Vorderrad ist ganz verbeult.

Anna bie ___ t das Vorderrad wieder gerade.

5 Findest du die Wörter in der Fahne?
Bilde die Mehrzahl und schreibe die Wörter mit Begleiter auf die Linien.

___

___

___

6 Bilde mit zwei der Wörter aus Aufgabe 5 einen lustigen Satz und schreibe ihn auf.

___

7 Ergänze jeweils den richtigen Buchstaben.
Lies zuerst nochmals den *Tipp* auf Seite 12.

Ber ___ Bur ___ Mon ___ Zel ___

Dehnung mit h

1 a) Was machen die Kinder? Lies den Text.
Weißt du, welcher Buchstabe jeweils fehlt?

Sina und Melanie fa ___ ren mit dem Fa ___ rrad in den Wald. Dort ist es schön kü ___ l. Unterwegs sie ___ t Sina hinter einem ka ___ len Baum ein Fo ___ len. Daneben ste ___ t ein zweites Pferd und ru ___ t sich aus. Sina steigt vom Rad ab und ge ___ t zu Fuß weiter. Ob die Tiere wo ___ l ihre Mö ___ ren fressen?

b) Lies die Lückenwörter laut.
Wie sprichst du den Buchstaben vor dem *h*?

Regel Wird ein Selbstlaut lang gesprochen, folgt oft ein h. *Achtung:* Das h hörst du beim Sprechen nicht.
Beispiel: Zahn, Stuhl
Lerne die Wörter mit dem „Dehnungs-h“ auswendig!

2 Auf dem Baumstamm stehen viele Wörter mit *h*.
Schreibe sie mit Begleiter auf die Linien.

3 Die Mädchen pflücken unterwegs Blumen.
Welche Wörter kannst du darauf lesen?
Ordne die Buchstaben und schreibe die Wörter auf.

4 Denke dir zwei Sätze zu den Wörtern aus Aufgabe 3 aus. Schreibe sie auf die Linien.

5 Wer hat heimlich an Sinas Möhre geknabbert?
Trage die gesuchten Wörter in Großbuchstaben in die Kästchen ein. Die Buchstaben in den blauen Kästchen ergeben das Lösungswort.

Damit kannst du hören:

Er kräht und hat Federn:

Darauf sitzt man:

Er arbeitet in der Schule:

Es ist weiß und schmeckt zu Eis:

Lösungswort:

Wörter mit ß/ss

1 Schau dir das Bild genau an und schreibe passende Sätze auf die Linien. Verwende dabei die Wörter:

Floß saßen groß Füße aßen Spaß

2 Lies die Wörter aus Aufgabe 1 laut. Wie sprichst du den Vokal vor dem *ß*?

Regel Das ß steht nach einem lang gesprochenen Selbstlaut. *Beachte:* Auch nach den Doppellauten ei, eu, au, äu steht oft ß, z. B. Sp<u>a</u>ß, dr<u>au</u>ßen.

3 Auf dem Floß verstecken sich Wörter mit *ß*. Welche? Schreibe sie auf die Linien.

gießen,

4 a) Löse das Kreuzworträtsel. Schreibe die Antworten in die gelben Kästchen.

Darauf liegt dein Kopf beim Schlafen: ☐☐☐☐☐☐

Daraus kann man trinken: ☐☐☐☐☐

Damit kannst du Brot schneiden: ☐☐☐☐☐☐

Der Elefant hat einen langen … ☐☐☐☐☐☐.

b) Lies die Wörter in den Kästchen laut. Wie sprichst du jeweils den Selbstlaut vor dem *ss*?

Regel Das ss steht nach einem kurz gesprochenen Selbstlaut, z. B. essen, aufpassen.

5 Finde passende Namenwörter zu den Wörtern. Schreibe sie mit Begleiter auf.

blass –	die Blässe	küssen –	______
nass –	______	hassen –	______
wässrig –	______	wissen –	______

6 Fehlt hier *ss* oder *ß*? Lies die Regeln nochmals und ergänze die Lücken.

Wörter mit a/ä und au/äu

1 Lies den Text. Trage die fehlenden Buchstaben ein.

P ____ la verl ____ sst mit guter L ____ ne das H ____ s.
Sie f ____ hrt mit ihrem R ____ d in die St ____ dt.
____ f dem M ____ rkt k ____ ft sie eine Sch ____ le
____ pfel und zwei s ____ re Zitronen. Plötzlich
l ____ ft ihr eine M ____ s über den Weg und h ____ lt
sich ____ ngstlich hinter der M ____ er versteckt.

2 Willst du wissen, wie viele Äpfel Paula kauft?
Dann zähle alle Wörter mit *ä*.

3 Schreibe zu jedem Tunwort aus Aufgabe 1
die passende Grundform. Das Beispiel hilft dir.

verlässt – verlassen

____

____

____

____

Tipp Viele Wörter mit ä haben verwandte
Wörter mit a, z. B. lässt – lassen;
viele Wörter mit äu haben Verwandte mit au,
z. B. die Häuser – das Haus.

4 Verbinde die Wörter, die zusammengehören und schreibe sie paarweise nebeneinander.

1 färben	a Gesang
2 Gelände	b klar
3 kräftig	c Farbe
4 jährlich	d landen
5 Erklärung	e Jahr
6 Sängerin	f Kraft

färben – Farbe,

5 Was sieht Paula vom Markplatz aus?
Schreibe jeweils das passende Wort zum Bild.

[redacted]

[redacted]

[redacted]

[redacted]

6 Ergänze die Wörter. Finde passende Reimwörter dazu.

H ___ t

B

Tr ___ me

Sch

1 Suche zu den Wörtern
auf dem Flugzeug Reimwörter.

2 Unterstreiche die Buchstabenfolge, die die Wörter gemeinsam haben. Lies die Wörter laut.
Wie sprichst du den Vokal vor dem *tz*?

Regel Das tz steht nach einem kurz gesprochenen Selbstlaut, z. B. Katze, sitzen.

3 Auf dem Banner sind fünf Wörter mit *tz* versteckt. Kreise sie ein und schreibe sie auf.

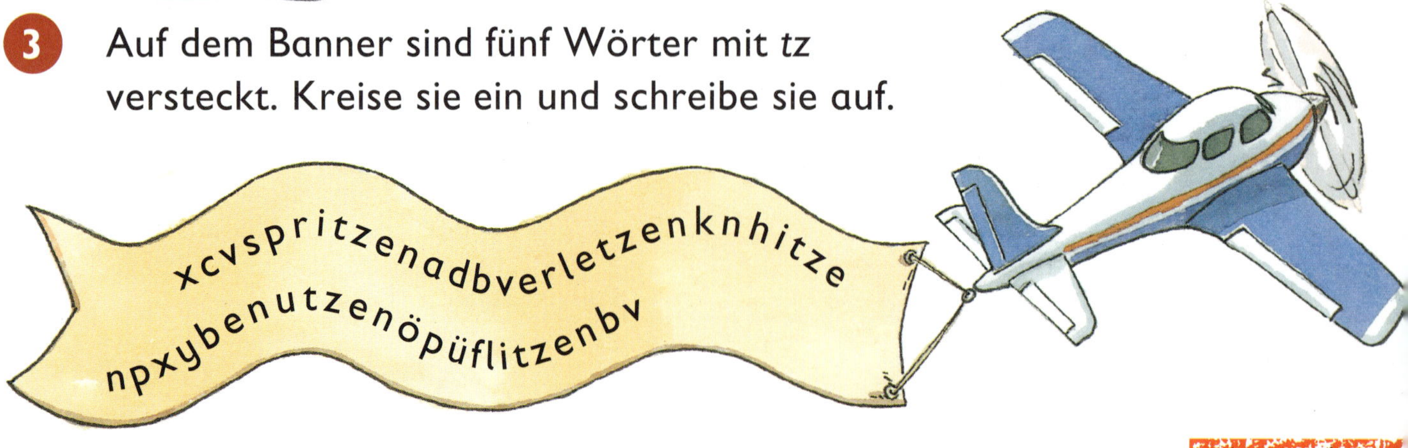

____

____

4 Bilde aus den Silben auf Laras Schild sinnvolle Wörter.

spitzen, ______________________

____

spritzen, blitzen, schmatzen, kratzen, sitzen

5 Gibt es das? Setze die Wörter auf dem Fallschirm wieder richtig zusammen. Schreibe sie mit Begleiter auf.

der Platzregen, ______________________

____

____

____

____

der Schatzsucher, der Schleudersitz, die Spitzmaus, das Katzenfutter, das Blitzlicht, der Witzeerzähler

6 Kannst du das Kreuzworträtsel lösen? Gesucht sind Wörter mit *tz*.

Wenn es heiß ist, muss man … .

Hunde jagen gerne … .

Beim … muss man lachen.

Wenn es dreckig ist, muss man … .

schwitzen
Katzen
Kitzeln
putzen

1 Was kauft Anna in der Bäckerei ein? Ergänze die fehlenden Buchstaben auf dem Einkaufszettel. Schreibe dann die Wörter auf.

Zu ___ erkringel

3 Schne ___ ennudeln

4 Kuchenstü ___ e

Haferflo ___ enkekse

Marzipangebä ___

____

____

____

2 Lies die Wörter mit *ck* laut.
Wie sprichst du den Selbstlaut davor: lang oder kurz?

Regel Das ck steht nach einem kurz gesprochenen Selbstlaut, z. B. Decke, Schnecke.

3 Findest du die passenden Reimwörter?

Wecker
l______

backen
p______

dick
sch______

4 Setze sinnvolle Wörter zusammen.
Schreibe sie unter die passende Brotkiste.

5 Konfetti hat die Buchstabenkekse auf dem Backblech durcheinandergebracht.
Kannst du die Wörter mit *ck* trotzdem lesen?

Wörter mit chs

1 Julian hält im Wald nach Tieren Ausschau.
Lies den Text und unterstreiche alle Tiere.

Der Fuchs lebt im Wald. Ganz in der Nähe
ist ein weiterer Bau. Er gehört dem Dachs.
Die Tiere halten sich oft am Bach auf.
Dort gibt es viele Lachse.

2 Schreibe die Namen der Tiere auf.

____

Kreise die Buchstabenfolge ein,
die sie gemeinsam haben.

3 Kennst du noch ein Tier mit der
Buchstabenfolge *chs?*
Tipp: So heißt das männliche Rind.

Tipp Wörter mit *chs* sind besondere Wörter.
Du musst sie auswendig lernen,
z. B. Dachs, Wachs, wechseln.

4 Bilde Reimwörter und schreibe sie auf.

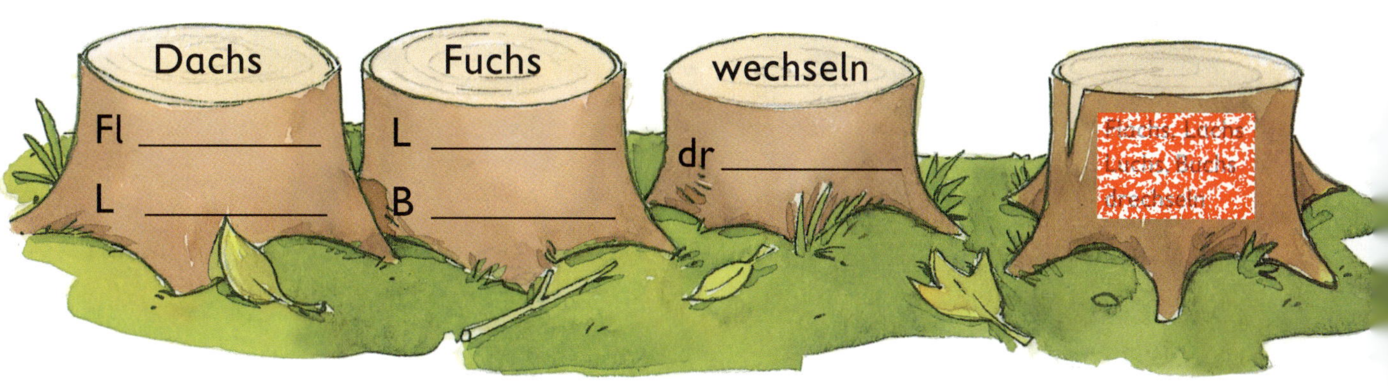

5 Trage die passenden Wörter in die Kästchen ein. Die blauen Kästchen verraten dir, wie viele Rehe Karlo auf seiner Wanderung sieht.

> Die Lösungswörter werden alle mit chs geschrieben.

Kerzen sind aus ... ☐☐☐☐☐.

Die schlechteste Schulnote: ☐☐☐☐☐

Ein Tier mit einem buschigen Schwanz: ☐☐☐☐☐

Ein Tier mit besonders guten Augen: ☐☐☐☐☐

Eine Pflanze, die blau blüht: ☐☐☐☐☐☐

Karlo sieht ☐☐☐☐☐ Rehe.

6 Bei den folgenden Wörtern gehören immer zwei zur gleichen Wortfamilie. Schreibe Paare auf. Ein Wort bleibt übrig. Welches?

die Verwechslung
sechsmal
wachsen
wechseln
das Sechstel
zunächst
der Fuchs
das Wachstum
der Nächste

der Nächste – zunächst, ______________________

____

____

____

Doppelter Selbstlaut

1 Tom ist in den Ferien mit seinen Eltern am Meer.
Er schreibt seinem Freund Lukas eine Postkarte.
Setze die fehlenden Buchstaben ein.

> Lieber Lukas,
> hier ist es ganz toll. Von meinem Fenster aus kann ich das M ____ r sehen. Dort liegt ein altes B ____ t. Darauf spielen wir immer Piraten. Abends essen wir in einem großen S ____ l. Zum Frühstück gibt es hier nur T ____ , Kaff ____ und Kekse.
> Bis bald, dein Freund Tom [redacted]

2 Lies die Lückenwörter oben. Was fällt dir auf?

____

[redacted]

Tipp Doppelte Selbstlaute (aa, ee, oo) sprichst du immer lang. Merke dir die Wörter mit doppeltem Selbstlaut gut, z. B. Meer.

3 Suche Wörter zu jedem doppelten Selbstlaut.

aa	ee	oo
H ________	F ________	M ________
P ________	M ________	B ________
[redacted]	[redacted]	[redacted]

4 Setze sinnvolle Namenwörter zusammen und schreibe sie mit Begleiter auf.

der See	die Kanne
die Beeren	das Blatt
das Mittel	die Marmelade
der Tee	der Hund
der Klee	das Meer

[redacted]

5 Erinnere dich: doppelter Selbstlaut oder nicht? Schreibe die Wörter auf.

 [redacted]

 [redacted]

 [redacted]

6 Löse das Rätsel. Trage die Wörter ein.

Hat man auf dem Kopf:

Einfall:

Tierpark:

Sumpfiges Gelände:

Fisch:

Getränk:

Wasserfahrzeug:

[redacted]

Wiederholung

1 Kreise alle Tunwörter in den Seifenblasen bunt ein.

Tipp Wenn du eine Aufgabe nicht lösen kannst, schau noch einmal vorne nach.

2 Wie viele Wörter kannst du mit den Silben bilden?
Du darfst Silben mehrfach verwenden.

____

____

____

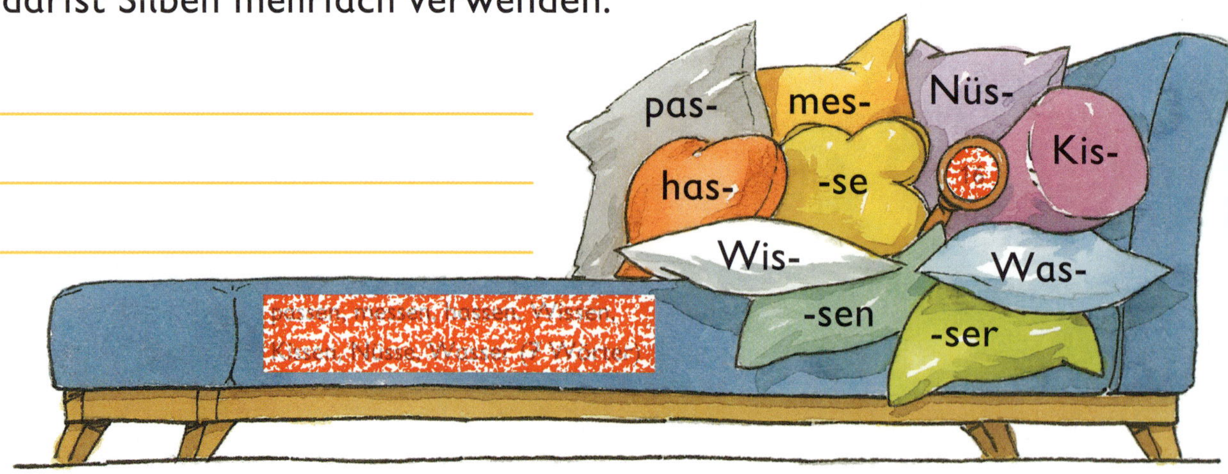

3 Setze richtig ein: *ie* oder *i?*

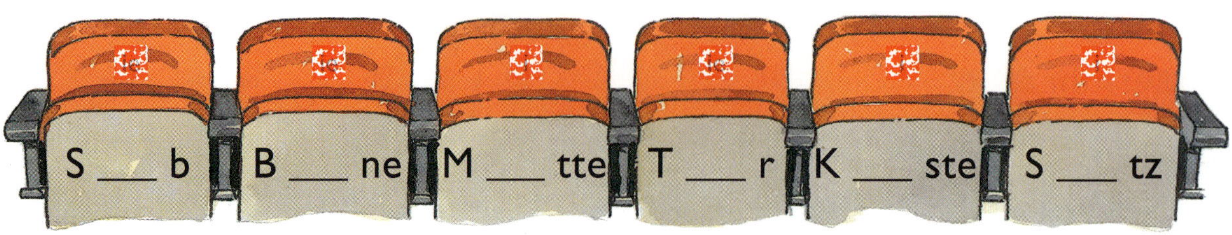

4 Verlängere und trage die fehlenden Buchstaben ein.
Schreibe möglichst viele verwandte Wörter daneben.

der Klan g — klingen, klangvoll
der Sie ___ — ___
das Geträn ___ — ___
das Ba ___ — ___
der Ra ___ — ___
der Gestan ___ — ___

5 Wann wird ein doppelter Mitlaut geschrieben?
Schreibe die Regel auf.

___

___

[redacted]

6 Bilde zusammengesetzte Namenwörter
und schreibe sie mit Begleiter auf.

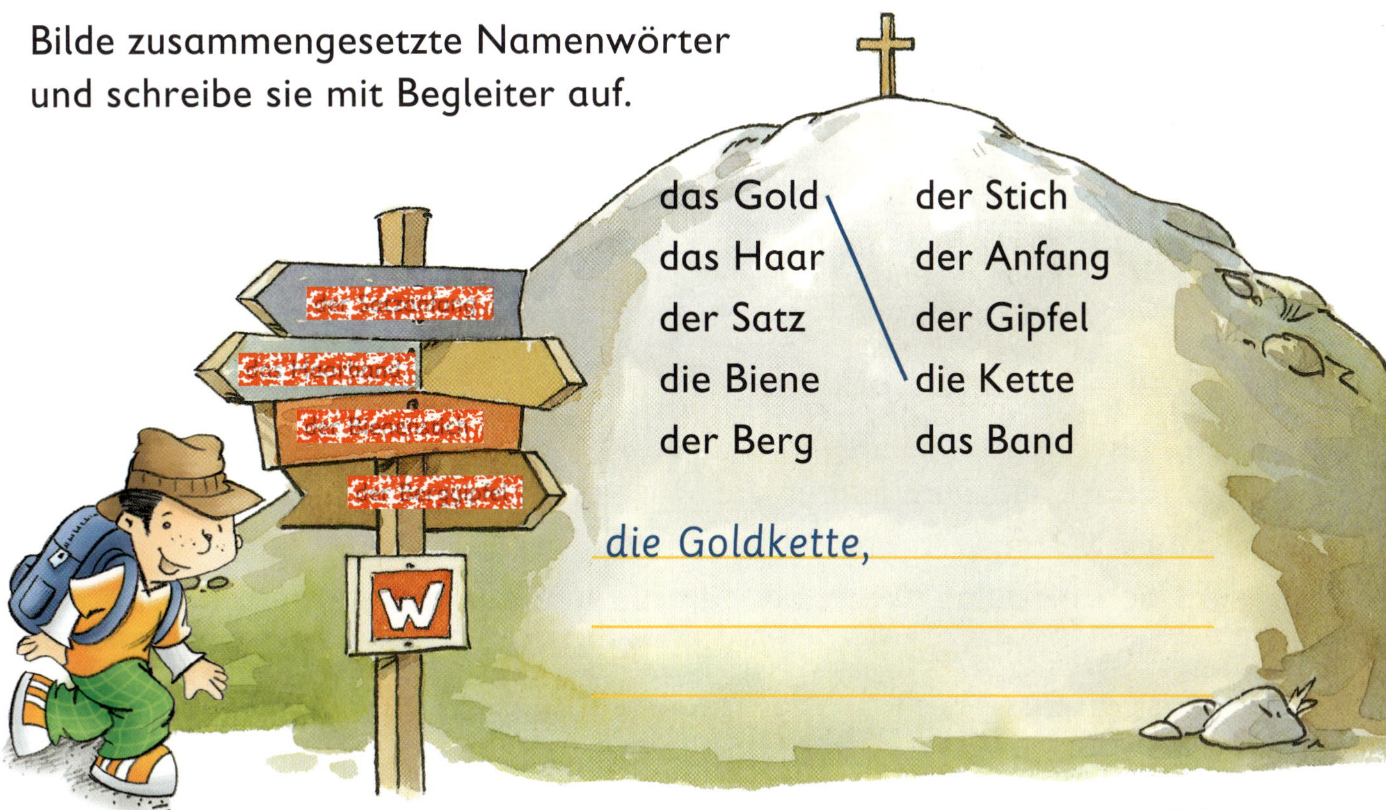

das Gold	der Stich
das Haar	der Anfang
der Satz	der Gipfel
die Biene	die Kette
der Berg	das Band

die Goldkette, ___

___

___

Wörterspiele

Hier findest du Spiele, mit denen du Wörter aus der Liste zu zweit oder allein üben kannst.

Wörterschlange (1 oder 2 Mitspieler)

1. Suche dir ein Wort aus und schreibe es auf.
2. Finde jetzt ein Wort, das mit dem letzten Buchstaben des vorherigen Wortes beginnt: winken – nass – stark …
3. Zu zweit: Wer findet zuerst fünf Wörter?

Radiergummi-Spiel (1 Spieler)

1. Schreibe eine Liste mit Übungswörtern.
2. Suche dir ein Wort aus der Liste. Merke es dir gut.
3. Verdecke es mit einem Radiergummi.
4. Schreibe es auswendig auf.
5. Nimm den Radiergummi weg und vergleiche.

Such-Spiel (2 Spieler, Material: Uhr)

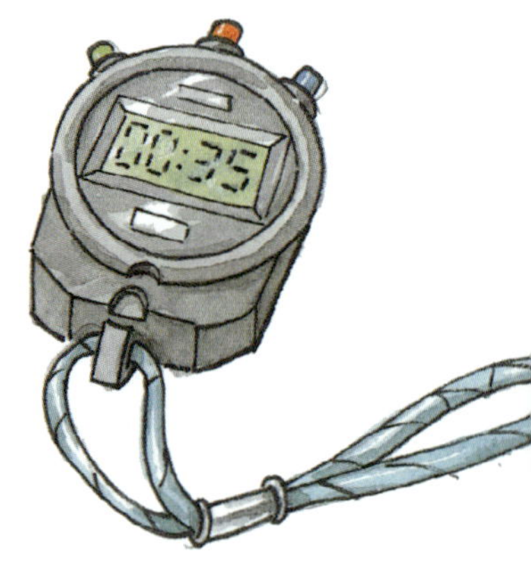

1. Dein Partner nennt dir ein Wort aus der Liste.
2. Dein Partner ruft „Los!“ und stoppt die Zeit.
3. Suche das Wort in der Liste.
4. Rufe „Stopp!“ wenn du es gefunden hast.

Wer benötigt am wenigsten Zeit?

Stopp-Spiel (2 Spieler)

1. Schließe die Augen.
2. Fahre mit dem Finger die Wörterliste ab.
3. Halte an, wenn dein Mitspieler „Stopp!“ ruft.
4. Schreibe das Wort, bei dem du angelangt bist, auswendig auf.

Hast du das Wort richtig geschrieben?

Wörterliste

Affe, der
ängstlich
anstrengend
aufgeregt

backen
Bank, die
benutzen
Berg, der
biegen
Biene, die
Bitte, die
Blitz, der
blühen
Boot, das
Brief, der
Brücke, die
brüllen
brummen
Butter, die

Dachs, der
Decke, die
draußen
drehen
drücken
dumm

erklären
erzählen
essen

Fahrrad, das
fehlen
fliegen
fließen
Floß, das
Fohlen, das
friedlich
Frisur, die
Fuchs, der
füllen
Fuß, der
Futter, das

gefährlich
genießen
Geschirr, das
Gesundheit, die
gierig
gießen
groß
Gruß, der

Haar, das
Hand, die
Hass, der
herrlich
hetzen
Himmel, der
hüpfen

Idee, die

Jahr, das

kalt
Kind, das
Kissen, das
kitzeln
Klee, der
klettern
kräftig
kratzen
kriechen
kühl
Kuss, der

lecker
lieb
liegen
Luchs, der
lustig

mähen
Meer, das
Mehl, das
messen
Messer, das
Moos, das

Nächste, der
nass
niemand
Nuss, die

Ochse, der

Paar, das
packen
passen
Picknick, das
probieren
putzen

rennen
Riese, der
Rüssel, der
Rutsche, die
rütteln

Sand, der
schick
schief
schließen
Schlüssel, der
schmatzen
schmecken
schmutzig
schütteln
schwimmen
See, der
Sieb, das
Sieg, der
sitzen
Sommer, der
Sonne, die
Spaß, der
springen
spritzen
Stier, der
Straße, die
Stück, das
süß

Tasse, die
Tee, der
tief
Tisch, der
toll
tragen
trennen
trocken

versuchen
viel
vielleicht
voll
vorlesen
Vorrat, der

wachsen
wechseln
Wecker, der
Weg, der
Wiese, die
Wissen, das
Wohnung, die

Zoo, der
Zucker, der
Zwerg, der

Knack den Code

Auf jeder Doppelseite (Seite 4–33) findest du eine kleine braune Lupe. Darin steht jeweils eine Zahl.

- Schreibe die Zahlen nacheinander auf die Linien.
- Ersetze sie dann durch die Buchstaben, die auf dem Zettel versteckt sind: zum Beispiel 3 durch den Buchstaben A.
- Trage jeweils den passenden Buchstaben unter der Zahl ein. Wie heißt der Lösungssatz?

CODE

3 = [illegible]	19 = [illegible]
16 = [illegible]	1 = [illegible]
8 = [illegible]	17 = [illegible]
21 = [illegible]	24 = [illegible]
7 = [illegible]	9 = [illegible]
12 = [illegible]	14 = [illegible]

___	14	___	___	___		___	19	___	___	___	___	14	
					,								-

___	___	___	19	___	___	8	___	
								!

Code geknackt:

Fingerabdruck

Datum

Mein Detektivname

Unterschrift

Aufsatz

Für viele Aufgaben dieses Kapitels gibt es nicht nur eine richtige Lösung. Dort sind die Lösungen deshalb nur Vorschläge

Überschrift
Hauptteil
Einleitung
Schluss

Buchstabenspiele

1 Bilde mit jedem Buchstaben des roten Wortes neue Wörter, die zum ersten Wort passen. Detektiv Karlo hat es mit dem Wort „Essen“ schon vorgemacht.

E is 	**T** iger ______
S alat 	**I** ______
S chokolade 	**E** ______
E rdbeeren 	**R** ______
N usskuchen 	**E** ______

2 Konfetti hat im Garten zwei seltsame Zettel gefunden. Kannst du die Sätze darauf lesen? *Tipp:* Versuche, die Betonung der Wörter zu ändern.

3 In der Wörterschlange fängt jedes neue Wort mit dem letzten Buchstaben des vorherigen Wortes an. Setze die Namenwörter in der Schlange fort.

4 Zu jedem Buchstaben seines Namens möchte Stefan einen Zungenbrecher finden. Hilfst du ihm dabei?

S ieben satte Seebären sehen Salamander.
T ausend
E
F
A
N

5 Kannst du mit den Buchstaben des Wortes eine kleine Geschichte schreiben? Überlege gut.

K ai hat eine Katze als Haustier bekommen.
A bends liegt Minka gerne am Ofen.
T
Z
E

6 Schaffst du es, lange Kettenwörter zu bilden? Auf der linken Seite steht schon ein Beispiel.

Apfel	**Blumen**
Apfelkuchen	
Apfelkuchenrezept	
Apfelkuchenrezeptbuch	

1 Konfetti findet eine alte Zeitung am Strand. Aber einige Wörter sind verwischt. Kannst du die Wörter auf dem Sonnenschirm richtig eintragen?

~~heftigen Sturms~~ – zwei Jugendliche – Dienstag – Hafens – Seenot – Küstenwache

Wegen eines <u>heftigen Sturms</u> kenterte am ________ ein Ruderboot in der Nähe des ________ . ________ gerieten in ________ . Sie konnten von der ________ gerettet werden.

2 Jetzt kannst du sicher diese Fragen beantworten:

Wer war beteiligt?

____

Wo passierte es?

____

____

Wann geschah es?

____

Was passierte?

____

____

3 Jede Spur, die von dem Wort in der Mitte ausgeht, erzählt eine andere Geschichte.
Kannst du die fehlenden Wörter ergänzen?

Tipp Sammle zuerst Stichwörter, wenn du eine Geschichte schreiben willst.
Die Antworten auf die Fragen
Wer? Wann? Wo? Was? Wie? helfen dir dabei.

4 Was hat Karlo in den Ferien erlebt? Schließe deine Augen und stell dir sein Abenteuer vor. Was riechst und hörst du? Schreibe Stichwörter in die Wolken.

5 Schreibe die Geschichte in dein Heft. Die Stichwörter helfen dir. Findest du auch eine passende Überschrift?

Die Reihenfolge einhalten

1 Steffi macht mit ihrer Schwester einen Ausflug mit Picknick. Am Abend schreibt Steffi Stichwörter in ihr Tagebuch:

- ☐ *nach dem Essen Ball gespielt*
- ☐ *Picknickkorb gepackt*
- ☐ *losgefahren*
- ☐ *nach Hause gefahren*
- ☐ *gegessen*

Irgendetwas ist hier durcheinandergeraten. Nummeriere in der richtigen Reihenfolge.

Tipp Überlege dir bei jeder Geschichte genau, was nacheinander passiert. Die Wörter zuerst, dann, danach, anschließend, zuletzt helfen dir dabei.

2 Bilde mit den Stichwörtern aus Steffis Tagebuch Sätze in der richtigen Reihenfolge.

Zuerst *haben wir den Picknickkorb gepackt.*

Dann ______________________________

Danach ______________________________

Später ______________________________

Abends ______________________________

3 Steffi verziert ihre Tagebuchseiten mit schönen Abdrucken von Blättern. Schau dir die Bilder an. Schreibe zu jedem Bild einen Satz. Benutze dabei die Wörter *dann, danach* und *zuletzt.*

1. sammeln, frische Blätter

Zuerst sammelt Steffi frische Blätter.

2. Wasserfarben, Rückseite eines Blattes, bemalen

3. umdrehen, auf Papier, kräftig drücken

4. vorsichtig abziehen, fertig

4 Bringe die Bildergeschichte in die richtige Reihenfolge.

Aufsatzaufbau

1 Simon und Jan verkleiden sich oft als Indianer. Was ist den beiden am Wochenende passiert? Lies den Text. Was fällt dir auf?

Simon und Jan hatten keine Lust, alleine zu spielen. Sie beschlossen deshalb, eine Indianerbande zu gründen.

Am Abend gingen Simon und Jan müde nach Hause. Jan sagte zufrieden: „So einen lustigen Nachmittag haben wir schon lange nicht mehr erlebt!“

Hier stehen nur der Anfang und der Schluss der Geschichte. Was ist wohl dazwischen passiert? Sammle zunächst Stichwörter und schreibe sie auf. Das Bild hilft dir, Ideen für deine Geschichte zu finden.

2 Schreibe nun mithilfe deiner Stichwörter den fehlenden Teil in dein Heft. Findest du eine passende Überschrift?

3 Aus Simons Indianer-Kopfschmuck sind Federn herausgefallen. Weißt du, was unter den Federn steht? Trage die fehlenden Wörter ein.

Jede gute Geschichte besteht aus Überschrift, ______, Hauptteil und Schluss.

Die Überschrift soll die ______ wecken.

Die Einleitung gibt eine kurze ______ in die Geschichte: Von wem handelt sie? Wo und wann passiert sie?

Der Hauptteil ist der ______ und wichtigste Teil einer Geschichte. Er sollte spannend sein und einen ______ haben.

Der kurze Schluss sagt dem Leser, wie die Geschichte ______.

Tipp
Den Aufbau einer Geschichte kannst du mit dem Traum-Hund vergleichen.

4 Schreibe eine Indianergeschichte.
Suche dir von den beiden Einleitungen eine aus.
Schreibe einen Hauptteil und einen Schluss dazu.

Am Abend soll ein großes Fest im Indianerdorf stattfinden. Der Indianerjunge sucht Holz für das Lagerfeuer. Da hört er hinter sich ein bedrohliches Schnauben …

Kleiner Bär und seine Schwester Kleine Blume haben heimlich das Pferd des großen Häuptlings losgebunden und reiten durch die Prärie. Plötzlich …

Reizwortgeschichten

1 Wenn Max nur zaubern könnte …
Dann würde er mit einem Zauberteppich in sein Traumland fliegen. Wohin würdest du fliegen? Schließe die Augen. Stelle dir deine Reise mit dem Zauberteppich in dein Traumland vor.

2 Was hast du erlebt? Schreibe deine Geschichte auf. Folgende Wörter sollten darin vorkommen:

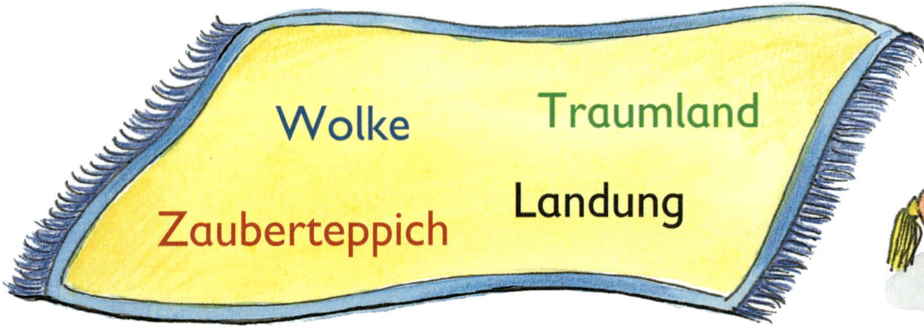

Tipp Achte darauf, dass deine Geschichte aus Überschrift, Einleitung, Hauptteil und Schluss besteht.

3 Von was Konfetti wohl träumt? Wähle dir eines der Wörter auf der Schatztruhe aus. Schreibe dieses Wort in die gelbe Denkblase und sammle Stichwörter dazu. Erzähle Konfettis Traum mithilfe deiner Wörter.

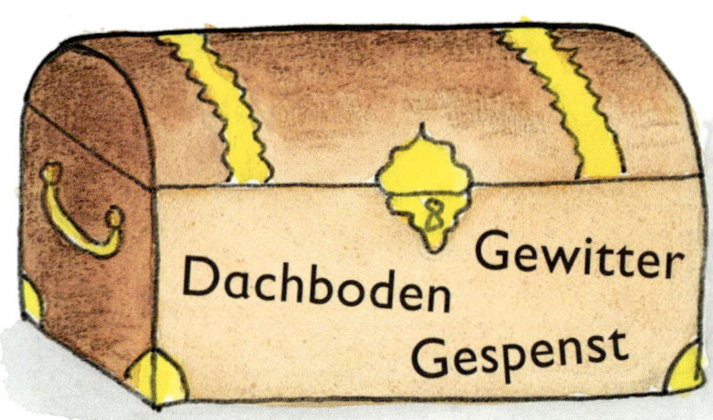

4 Der Zauberer hat Wörter in die Hüte gezaubert. Verbinde immer zwei Hüte miteinander und überlege dir einen Satz, in dem beide Wörter vorkommen.

Max malt ein großes Bild von einer roten Blume.

5 Wie sieht dein Zauberteppich aus? Suche dir die Wörter aus, mit denen du eine Geschichte schreiben willst. Male diese Felder bunt an.

Berg	Gewitter	Höhle
zelten	Nacht	Gespenster
reiten	Sturz	Zaun

Wortfelder

1 Petra ist mit ihren Freunden im Zeltlager.
Am Abend schreibt sie ihrer Mutter einen Brief.

Gestern haben wir viel ~~gemacht.~~ unternommen

Zuerst haben wir ein Bild gemacht. ____________

Wir haben einen Preis gemacht. ____________

Wir haben etwas zu essen gemacht. ____________

Doris hat einen Kuchen gemacht. ____________

Im Brief kommt ein Tunwort ziemlich häufig vor.
Welches? ____________
Ersetze es durch die Wörter auf dem Teppich.

Tipp Deine Geschichte wird spannender, wenn du unterschiedliche Tunwörter benutzt. Überlege, *wie* die Menschen etwas tun und suche dann das passende Tunwort.

2 Am Lagerfeuer unterhalten sich die Kinder lange. Welche anderen Wörter für *sagen* kannst du verwenden? Benutze die Wörter in den Flammen.

Petra ______________ Tina ein Geheimnis ins Ohr.

Niklas ______________ : „Spielt jemand mit mir Karten?“

Doris ______________ : „Ja, ich würde gern mitspielen.“

Andi ______________ : „Wer hat mein Glas umgeworfen?“

Susi ______________ von Weitem: „Gute Nacht!“

[redacted]

3 Schau dir die Bilder an. Überlege, welches Wiewort am besten in die Lücke passt. Die Wörter im Kasten helfen dir.

ängstlich	fröhlich
wütend	entsetzt

Petra sagt ______________ : „War doch nur Spaß!“

Holger ruft ______________ : „Was, du hast einen Frosch in der Tasche?“

Doris fragt ______________ : „Hast du dieses Geräusch auch gehört?“

Niklas schreit ______________ : „Wer hat mein Fahrrad weggenommen?“

4 Benutze bei deinen Geschichten unterschiedliche Begriffe. Findest du ähnliche Wörter für *gehen*?

laufen, ______________________________

____

____

Tipps für gute Geschichten

1 Katrin erzählt ihren Eltern, was sie am Samstag alles mit ihrer Freundin Susi erlebt hat. Fällt dir etwas auf?

Jeder Satz beginnt mit dem gleichen Wort. Kannst du die Sätze umstellen?

Am Samstag ______________________

____

____

____

____

____

2 Schmücke die Sätze aus und beschreibe genau. Benutze die Wörter auf Katrins Büchern.

Katrins Bruder spielt.

Katrins kleiner Bruder spielt im Garten.

Katrin liest.

____

Oma kocht.

____

Papa wartet.

____

3 Katrin erzählt, was ihr mit Susi am Sonntag passiert ist.
Kannst du ihre Geschichte lebendiger erzählen?

Tipp Verbinde kurze Sätze miteinander, dann ist die Erzählung lebendiger. Diese Wörter helfen dir dabei:
und, als, nachdem, wenn, während, weil, dann, deshalb,
z. B.: Ich freue mich. Oma kommt zu Besuch.
Ich freue mich, weil Oma zu Besuch kommt.

Wir waren im Wald. Wir sahen einen Hund.

Er war nass. Er hat gezittert.

Susi streichelte ihn. Er hörte auf zu zittern.

4 Was hast du am Wochenende erlebt?
Schreibe deine Erlebnisse in dein Heft.
Denke daran, kurze Sätze miteinander zu verbinden.
Die Wörter auf Karlos Zettel helfen dir.

Spannend erzählen

1 Birgit ist allein zu Hause. Sie kann nicht einschlafen, weil sie sich fürchtet. Schau dir das Bild genau an. Woran erkennst du, dass Birgit Angst hat? Schreibe deine Antwort auf die Linien.

2 Du hast bestimmt auch schon Angst gehabt. Wie hat sich das angefühlt? Male die Blasen an, die Angstgefühle beschreiben.

- den Atem anhalten
- schmunzeln
- das Herz bleibt beinahe stehen
- die Augen leuchten vor Freude
- starr vor Schreck
- lachen
- begeistert in die Hände klatschen
- blass werden
- das Herz pocht wie wild
- am ganzen Körper zittern
- aufgerissene Augen

starr vor Schreck, das Herz bleibt beinahe stehen, den Atem anhalten, das Herz pocht wie wild, am ganzen Körper zittern, blass werden, aufgerissene Augen

3 Schließe die Augen. Denke an eine Situation, in der du große Angst hattest. Wie hast du dich gefühlt? Schreibe eine spannende Geschichte in dein Heft.

furchtbar · schrecklich · unheimlich · unbekannt · düster · dunkel · unruhig · nervös · verzweifelt

Tipp Achte auf die Satzanfänge, wenn du eine spannende Geschichte schreiben willst. Diese Wörter helfen dir: plötzlich, auf einmal, kurz darauf, sofort, vor Schreck.

4 Finde eine passende Überschrift für deine Geschichte.

5 Willst du wissen, wovor Konfetti Angst hat? Dann male alle Felder aus, in denen ein sinnvolles Wort steht.

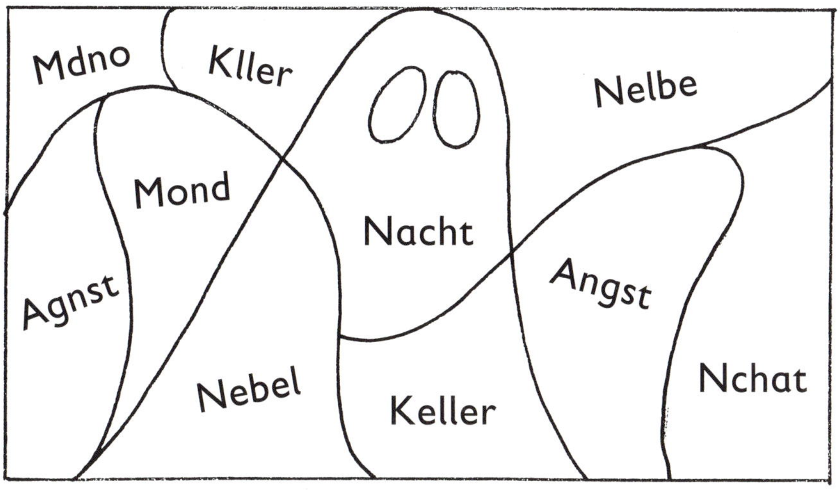

Erzählzeit / wörtliche Rede

1 Kai erzählt Jens, was ihm beim Einkaufen passiert ist.

„Gestern ging ich in den Supermarkt. Ich biege in einen engen Gang ein. Aus Versehen stieß ich eine Frau an. Sie stolpert und fiel gegen einen Turm mit Konservendosen. Der ganze Turm kippte um. Der Verkäufer verlangt von mir, dass ich den Turm wieder aufstelle."

Streiche alle Tunwörter in der falschen Zeit durch. Schreibe die richtige Form auf.

Tipp Entscheide dich für eine Erzählzeit und bleibe durchgehend dabei.

2 Was könnten die Personen in Kais Geschichte sagen? Fülle die Sprechblasen aus.

3 Schau dir das Bild rechts genau an. Was könnten die Personen sagen? Schreibe die Sätze auf. Denke an die Zeichen für die wörtliche Rede.

a) Kai schmatzt: ______________________

____

b) Oma stöhnt: ______________________

____

c) Vater keucht: ______________________

____

d) Kais Schwester fragt: ______________________

____

Regel Deine Geschichten werden lebendiger, wenn du die wörtliche Rede benutzt. Überlege, was die Personen sprechen. Denke an die Zeichen für die wörtliche Rede, z. B. Kai fragt: „Wie geht es dir?“

4 Denke dir noch mehr Sätze aus. Verwende dabei die Wörter: *schimpfen, rufen* und *lachen.*

____

____

____

1 Sven macht mit seinen Freunden ein Seifenkistenrennen. Er muss das Rennen nach der zweiten Runde abbrechen. Schau dir das Bild genau an. Was ist passiert? Schreibe Stichwörter auf.

2 Setze die Silben richtig zusammen. Du erhältst Wörter, die mit dem Wortfeld *fahren* zu tun haben.

3 Kannst du jetzt die Geschichte mithilfe deiner Stichwörter aufschreiben? Benutze dabei verschiedene Wörter für *fahren* (siehe Aufgabe 2).

Tipp Wenn du zu einem Bild eine Geschichte schreibst, so schau dir zuerst das Bild genau an und schreibe Stichwörter auf. Überlege dir, was vorher und nachher geschieht. Gib den Personen Namen.

4 Schau dir die Bilder an. Olli hat das Rennen gewonnen, Sven verloren.
Überlege dir, wie sich Olli und Sven fühlen.
Verbinde die Wörter mit dem passenden Bild.

ist enttäuscht

ist traurig

ärgert sich

lacht

strahlt über das ganze Gesicht

ist glücklich

5 Was erzählen die beiden wohl ihren Eltern von dem Rennen? Erzähle die Geschichte entweder aus Ollis oder aus Svens Sicht.

„Stellt euch vor, ______________________________

____

____

Personenbeschreibung

1 Die Kinder machen ein Ratespiel. Jeder verkleidet sich und beschreibt dann das Kostüm eines anderen. Schau dir das Bild genau an. Finde heraus, welches Kostüm gemeint ist.

2 Zwei Kostüme der Kinder auf dem Bild fehlen noch. Kannst du sie beschreiben?

3 Stell dich vor einen Spiegel und beschreibe dich möglichst genau. Benutze dazu treffende Wiewörter und bilde ganze Sätze. Die Wörter auf Karlos Schild helfen dir bei deiner Personenbeschreibung.

Steckbrief

Haar/Haarfarbe: ____________________

____

Augenfarbe: ____________________

____

Gesichtsform: ____________________

____

Kleidung: ____________________

____

Besonderheiten: ____________________

____

____

4 Handelt es sich hier auch um eine Person? Male nach dieser Beschreibung ein Bild in den Bilderrahmen.

> Er ist groß und grau, hat dicke Beine und riesige Ohren. Er frisst nur Obst und Gemüse. Außerdem hat er zwei Stoßzähne und einen langen, grauen Rüssel.

Ein Rezept schreiben

1 Sandra backt für das Schulfest zwei verschiedene Kekssorten. Lies dir das Rezept durch. Was muss man tun? Unterstreiche und schreibe auf.

Das Mehl verrührt man mit der Milch.
Dann schlägt man die Eier hinein.
Darauf lässt man den Zucker rieseln.
Man vermengt alles zu einem Teig.
Den Teig knetet man zu einem Kloß.
Nun wartet man eine halbe Stunde.
Dann rollt man den Teig aus. Danach sticht man verschiedene Plätzchen aus.
Die Plätzchen backt man im Ofen, bis sie goldgelb sind.

man verrührt, ______________________________

____

____

Tipp Ein Rezept wird in der Gegenwart geschrieben.
Achte auf vollständige Angaben und die richtige Reihenfolge.
Entscheide, welche Form der Ansprache du wählst:
1. Unpersönlich: Man nimmt 1 kg Mehl.
2. Als Aufforderung: Nimm 1 kg Mehl.

2 Konfetti hat einige Kekse angeknabbert. Kannst du die Wörter darauf trotzdem lesen? Schreibe sie auf.

kn _e_ _t_ en | verr ___ ___ ___ en | ro ___ ___ en

3 Setze beim zweiten Rezept die Tunwörter *streuen, verrühren, geben, schmelzen, kneten, fügen* in der richtigen Form ein.
Hast du Lust, das Rezept auszuprobieren?

250 g Mehl
1 Teelöffel Backpulver
150 g Butter
125 g Zucker
1 Ei
2 Päckchen Vanillinzucker
1 Prise Salz
geriebene Schale von
1 Orange

Man ____________ das Mehl zusammen mit dem Backpulver in eine Schüssel. Nun lässt man langsam die Butter in einem Topf ____________ . Man ____________ die Butter mit dem Mehl. Danach ____________ man Zucker, Ei, Vanillinzucker und Salz hinzu. Zum Schluss ____________ man die geriebene Orangenschale darüber und ____________ alles zu einem festen Teig.

4 Auch Karlo möchte ein Keksrezept ausprobieren.
Lies, wie er die Kekse backen muss. Erstelle dann ein Rezept und schreibe es in dein Heft.
Formuliere Aufforderungssätze.
Der Tipp auf Seite 24 hilft dir.

„Ich verrühre zuerst Mehl, Milch und Eier zu einer schaumigen Masse. Danach lasse ich den Zucker und Vanillinzucker einrieseln und vermenge alles zusammen. Am Schluss schütte ich das Kakaopulver dazu. Ich knete alles zu einem Kloß. Dann rolle ich den Teig aus und steche Kekse aus.“

5 Sammle deine Lieblingsrezepte
und stelle dein eigenes Rezeptbuch her.
Fällt dir auch ein eigenes Rezept ein?

Gegenstände beschreiben

1 Detektiv Karlo war auf einem Geburtstagsfest. Am Abend bemerkt er, dass er seinen Pullover verloren hat. Lies, was Karlo sagt. Was fehlt in seiner Beschreibung?

Am nächsten Tag hängt Karlo eine genaue Beschreibung des Pullovers an den Baum.

> Wer hat meinen Pullover gefunden?
> Er ist sehr lang und weit und aus weicher Wolle gestrickt. Seine Farbe ist dunkelblau, auf der Vorderseite hat er weiße Quadrate. Auf dem linken Ärmel am Ellbogen ist ein roter Lederflicken. Der Pullover hat die Größe L.

Tipp Benutze passende Wiewörter. So kannst du Form, Farbe, Material und die besonderen Kennzeichen eines Gegenstandes genauer beschreiben.

2 Weißt du jetzt, wie Karlos Pullover aussieht? Ergänze die fehlenden Angaben.

a) Farbe: dunkelblau ____________________

b) Form: ____________________

c) Muster: ____________________

d) Material: ____________________

e) Größe: ____________________

f) Besondere Kennzeichen: ____________________

____

3 Schau dir die Schuhe gut an. Welcher Schuh passt genau zur Beschreibung auf dem Karton? Kreise den richtigen Schuh ein.

4 Lies dir die Beschreibung genau durch. Kannst du Karlos Lieblingshose jetzt richtig anmalen?

- blau mit roten Streifen
- zwei Taschen an der Seite
- Flicken am linken Knie
- Loch unten links
- drei rote Knöpfe
- roter Hosenbund

5 Beschreibe die Gegenstände aus dem Schrank möglichst genau. Verwende dabei viele Wiewörter.

____

____

____

____

____

____

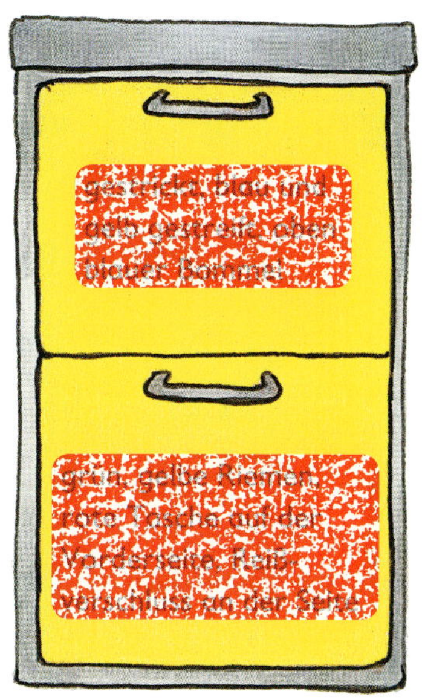

Eine(n) Einladung / Brief schreiben

1 Thomas hat bald Geburtstag. Hilfst du ihm, die Einladung zu schreiben? Ergänze die Lücken auf der Karte. Die Wörter auf dem Briefumschlag und der Tipp helfen dir.

____

____

ich lade dich zu meinem Geburtstagsfest

am 14. November _______________

_______________ herzlich ein.

Viele _______________

Dein Thomas

Tipp Achte in deinem Brief auf diese Reihenfolge:

1. Datum (eventuell auch dein Wohnort)
2. Anrede bei Freunden/Verwandten: *Liebe/Lieber*
   bei Erwachsenen: *Sehr geehrte Frau/geehrter Herr*
3. Text
4. Schluss bei Freunden/Verwandten:
   Liebe Grüße oder *Bis bald* oder *Alles Gute …*
   bei Erwachsenen: *Mit freundlichen Grüßen*

2 Hier ist wohl etwas durcheinandergeraten. Kannst du die Wörter wieder in die richtige Reihenfolge bringen?

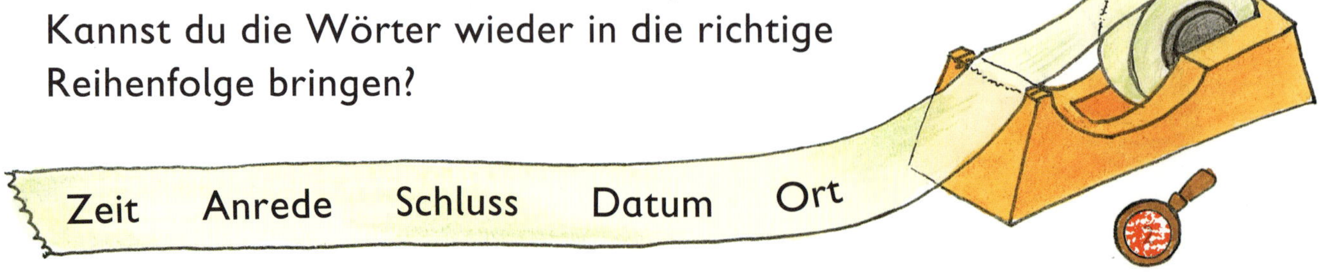

____

____

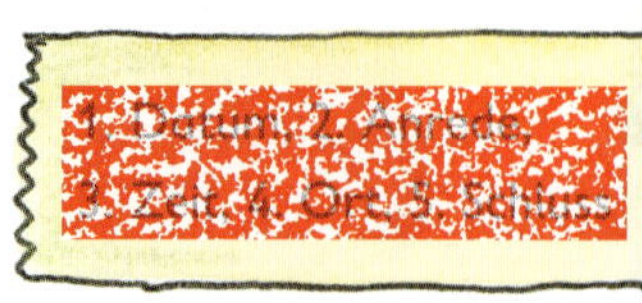

3 Schreibe jeweils eine passende Anrede und einen passenden Schluss dazu.

a) Brief an den Lehrer

Anrede: ______________ Schluss: ______________

b) Brief an einen Freund

Anrede: ______________ Schluss: ______________

[redacted]

4 Thomas schreibt seinem Onkel einen Brief und erzählt von seiner Geburtstagsfeier. Bringe die Satzteile in die richtige Reihenfolge und schreibe den Brief in dein Heft.

A Alle meine Freunde waren da.

B Vielen Dank für dein tolles Geschenk.

I Meine Geburtstagsfeier war sehr schön.

F Wir haben bis abends gefeiert.

D Liebe Grüße

G Dein Thomas

E Ich habe den Drachen schon fliegen lassen.

C 16.11.

H Lieber Onkel Michael

5 Schreibe einen Brief an jemanden, der dir wichtig ist. Schreibe den Text in deinem Heft vor. Jetzt kannst du den Brief schön abschreiben und verzieren.

Wiederholung

1 Kannst du die Aussagen den richtigen Begriffen zuordnen? Male das Kästchen in der gleichen Farbe aus: Überschrift, Einleitung, Hauptteil, Schluss.

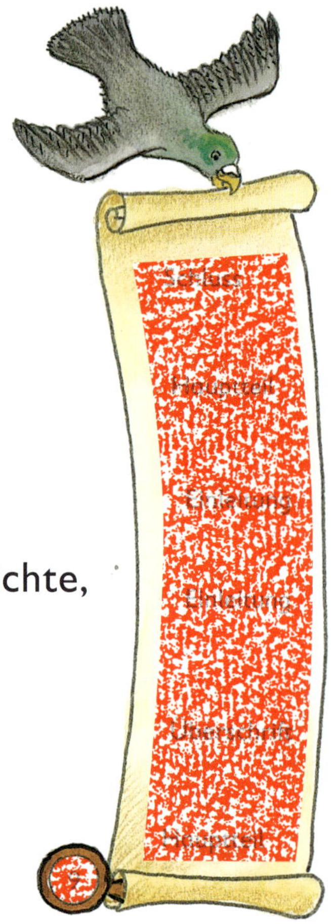

- ☐ Ende deiner Geschichte
- ☐ Längster und wichtigster Teil deiner Geschichte
- ☐ Einführung in deine Geschichte
- ☐ Von wem handelt deine Geschichte, wo und wann passiert sie?
- ☐ Macht neugierig, darf aber nicht zu viel verraten
- ☐ Höhepunkt

2 Weißt du, wie sich diese Tiere fortbewegen? Schreibe die passenden Tunwörter auf. Die Wörter auf dem Schild helfen dir.

____

____

____

____

____

Tipp Wenn du eine Aufgabe nicht lösen kannst, schau noch einmal vorne nach.

3 Lies die folgende Geschichte. Kannst du sie spannender erzählen? Wähle passende Satzanfänge aus und schreibe die neue Geschichte in dein Heft.

Peter spielt im Hof mit seinem neuen Ball.
Dann rollt der Ball aus dem Tor auf die Straße hinaus. Dann läuft Peter erschrocken hinterher.
Dann sitzt ein Hund auf dem Bürgersteig.
Dann nimmt der Hund den Ball und rennt damit weg.
Dann ruft Peter: „Ich will meinen Ball wiederhaben.“

4 Jeweils zwei Begriffe passen zusammen. Verbinde die Tunwörter mit den passenden Puzzleteilen.

leise sagen	laut sagen	leise gehen	laut gehen
schleichen	trampeln	flüstern	schreien

5 Wie schreibt man eine gute Geschichte? Einige Tipps sind falsch. Streiche diese durch.

1. Die Personen denken und sprechen lassen
2. Sätze immer mit *dann* beginnen
3. In einer Erzählzeit bleiben
4. Immer die gleichen Tunwörter verwenden
5. Wechselnde Satzanfänge
6. Passende Wiewörter
7. Überhaupt keine Wiewörter verwenden
8. Richtige Reihenfolge des Geschehens einhalten

Knack den Code

Auf jeder Doppelseite (Seite 36 – 65) findest du eine kleine braune Lupe. Darin steht jeweils eine Zahl.

- Schreibe die Zahlen nacheinander auf die Linien.
- Ersetze sie dann durch die Buchstaben, die auf dem Zettel versteckt sind: zum Beispiel 13 durch den Buchstaben A.
- Trage jeweils den passenden Buchstaben unter der Zahl ein. Wie heißt der Lösungssatz?

CODE

12 = [illegible]	15 = [illegible]
5 = [illegible]	3 = [illegible]
13 = [illegible]	18 = [illegible]
9 = [illegible]	6 = [illegible]
20 = [illegible]	7 = [illegible]
2 = [illegible]	

___ ___ 9 ___ ___ ___ 13 ___ ___ 9

☐ ☐ ☐ ☐ ☐ ☐ ☐ ☐ ☐ ☐ ,

___ ___ ___ 5   ___ 6 ___ ___ ___ 12 ___

☐ ☐ ☐ ☐   ☐ ☐ ☐ ☐ ☐ ☐ ☐ !

Code geknackt:

Datum

Mein Detektivname

Fingerabdruck

Unterschrift

Grundrechenarten

Grundrechenarten bis 100

1 Pia und ihre Freundinnen sammeln Kastanien.
Wer hat die meisten Kastanien im Korb?
Rechne jeweils aus. Der Tipp hilft dir.

Pia: 18 + 15 = 18 + 10 + 5 = ____

Anke: 21 + 17 = ______________ = ____

Steffi: 25 + 18 = ______________ = ____

Lisa: 16 + 25 = ______________ = ____

Tipp So fällt dir das Rechnen leichter:
Zerlege die zweite Zahl in Zehner und Einer.

Beispiel: 32 + 19 = 32 + 10 + 9 = 51

2 Wer von den Mädchen hat mehr Kastanien:
Pia und Steffi oder Anke und Lisa?
Schreibe die passenden Aufgaben und rechne.

Pia und Steffi: ______________

Anke und Lisa: ______________

3 Verbinde jede Aufgabe mit dem passenden Blatt.

a) 84 − 6 = ______

b) 96 − 13 = ______

c) 37 − 12 = ______

d) 81 − 5 = ______

e) 48 − 23 = ______

f) 79 − 30 = ______

4 Karlo füllt die Hundertertafel aus. Hilfst du ihm?
a) Ergänze die Zahlen auf der Hundertertafel.

1	2	3	4			7	8	9	10
11	12	13		15	16		18	19	20
	22		24	25	26	27		29	30
31		33	34	35	36	37	38		40
41		43	44	45	46	47	48		50
51	52		54	55	56	57		59	60
61	62	63		65	66		68	69	70
71	72	73	74			77		79	
81	82	83	84	85		87		89	
91	92	93	94	95	96				

b) Unterstreiche die Zahlen in Aufgabe a) farbig.

Fünferreihe:

5, 10 …

Achterreihe:

8, 16 …

Das kleine Einmaleins

1 Tina und ihre Mutter sind im Garten. Sie setzen Blumenzwiebeln. Wie viele Pflanzen brauchen sie von jeder Sorte? Rechne aus und trage ein.

a) 5 • 7 = ______

b) 4 • 7 = ______

c) 6 • 7 = ______

d) 7 • 7 = ______

e) 3 • 7 = ______

Tipp Manchmal werden Mal-Aufgaben leichter, wenn du die Zahlen umdrehst.

Beispiel: 2 • 7 = 14

7 • 2 = 14

2 Rechne und male die Ergebnisfelder an.

linke Spalte: (rot)　　rechte Spalte: (grün)

6 • 3 = ______	7 • 5 = ______
3 • 3 = ______	6 • 4 = ______
4 • 4 = ______	8 • 6 = ______
2 • 7 = ______	9 • 8 = ______
9 • 2 = ______	8 • 7 = ______
	4 • 8 = ______

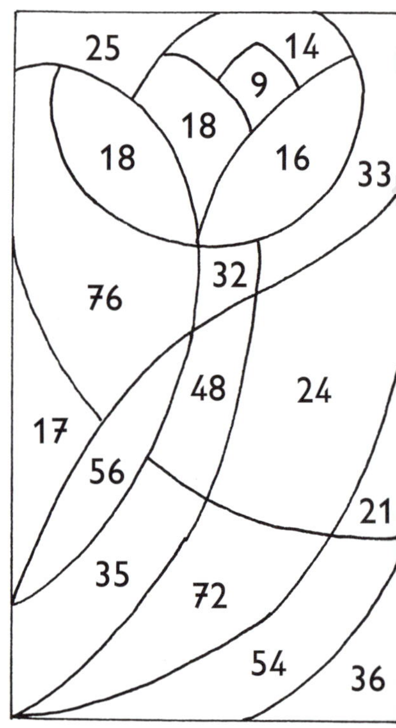

3 Trage die fehlenden Zahlen in die Blumen ein.

· 2 = 18

· 9 = 45

· 3 = 27

· 9 = 36

· 8 = 72

· 6 = 54

4 Welche Aufgaben haben das gleiche Ergebnis?
Verbinde die passenden Blütenblätter miteinander.

5 Welche Zahlen fehlen in der Tabelle?
Rechne aus und trage die Ergebnisse ein.

•	3	5	8	2	4	6	9
7						42	
5					20		
2			16				
6				12			
9	27						
8							72
3			24				
4				8			

Zahlenraum bis 1000

1 Anna, Jens und ihre Eltern zielen mit Kugeln in Gefäße.
Wer hat die meisten Punkte? Rechne aus.
Beachte: Die Kugeln haben unterschiedliche Werte.
Die Regel und das Beispiel helfen dir.

Anna: 3 H + 6 Z + 2 E
300 + 60 + 2 = 362

Jens: ____________________
____

Papa: ____________________
____

Mama: ____________________
____

Regel 10 Einer (E) = 1 Zehner (Z)
10 Zehner (Z) = 1 Hunderter (H)
10 Hunderter (H) = 1 Tausender (T)

2 Konfetti wirft Kugeln in eine Schüssel. Verbinde die Zahlen der Größe nach und du siehst das Muster auf der Schüssel. Beginne mit der kleinsten Zahl.

3 Anna und Jens versuchen die Kugeln so weit wie möglich zu werfen. Trage die richtigen Zahlen ein.

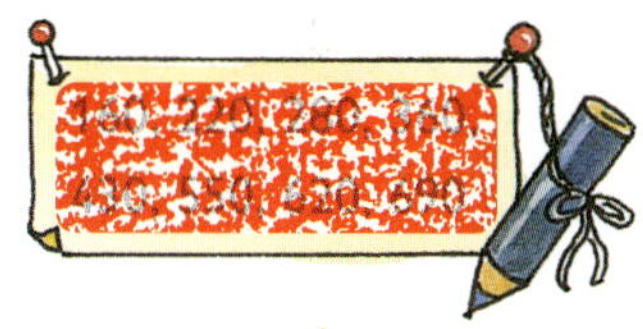

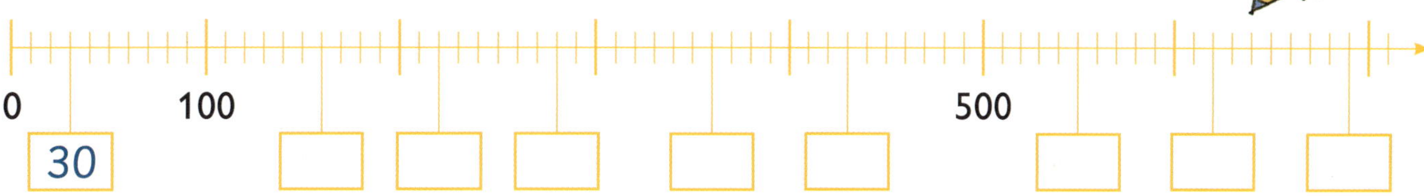

4 Schneide das Domino auf Seite 95 aus. Beginne mit dem Startstein und lege jeweils den passenden Dominostein an.

5 Kannst du die Nachbarzahlen eintragen?

Nachbarzehner:				Nachbarhunderter:			
a)		226		a)		137	
b)		117		b)		471	
c)		848		c)		944	

[redacted]

Einmaleins mit Zehnerzahlen

1 Der Marktverkäufer hat 8 Kisten gestapelt.
In jeder Kiste sind 30 Äpfel. Wie viele Äpfel sind es insgesamt? Rechne im Kopf. Der Tipp hilft dir.

Tipp Das hilft dir beim Rechnen mit Zehnerzahlen: Rechne erst ohne Nullen und hänge die Nullen im Ergebnis wieder an.

Beispiel: $6 \cdot 40 = 240$

Rechne: $6 \cdot 4 = 24$ ↓

$6 \cdot 40 = 240$

2 Wie viele Früchte sind es jeweils? Rechne aus.

 · 20 = 4 · 20 = 80

 · 50 = ______

 · 30 = ______

 · 40 = ______

 · 60 = ______

3 Auf dem Markt ist einiges los. Schau dir das Bild genau an und rechne die Aufgaben aus.

4 Kannst du die fehlenden Zahlen eintragen?

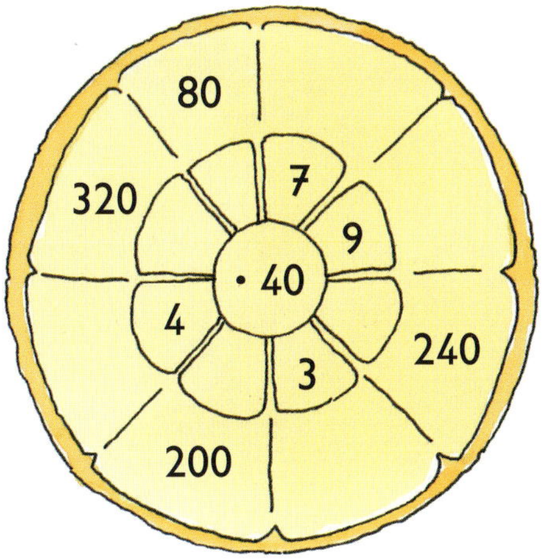

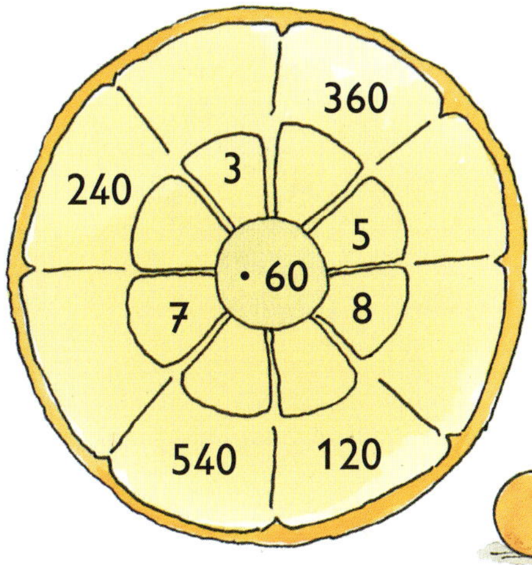

5 Verbinde die Früchte mit den passenden Schalen.

6 Was ist in der Obstkiste? Rechne aus und male die Lösungsfelder gelb an. Dann siehst du es.

_______ · 30 = 210

6 · 80 = _______

_______ · 50 = 450

4 · 60 = _______

8 · 70 = _______

9 · _______ = 810

_______ · 90 = 360

[redacted]

Halbschriftliche Addition

1 Es ist Schulfest. Im Schulhof hängen 214 gelbe und 253 rote Fähnchen. Wie viele Fähnchen sind es insgesamt? Rechne halbschriftlich. Der Tipp hilft dir.

214 + 253 = ______

______

______

______

Es sind insgesamt ______ [redacted] Fähnchen.

Tipp Du kannst halbschriftlich addieren, indem du die Zahlen zerlegst.

Beispiel:

123 + 264 = 387

123 + 200 = 323	1. Hunderter der zweiten Zahl addieren
323 + 60 = 383	2. Zehner der zweiten Zahl addieren
383 + 4 = 387	3. Einer der zweiten Zahl addieren

Oder so:

123 + 264 = 387

100 + 200 = 300	1. Hunderter der beiden Zahlen addieren
20 + 60 = 80	2. Zehner der beiden Zahlen addieren
3 + 4 = 7	3. Einer der beiden Zahlen addieren
	4. Alle Ergebnisse addieren

2 Wie viele Kinder kommen zum Fest? Rechne aus.

125 + 137 = ______

______

______

______

3 Beim Fest gibt es verschiedene Torten.
Rechne die Aufgaben im Heft.

4 Ergänze die fehlenden Zahlen auf den Luftballons.

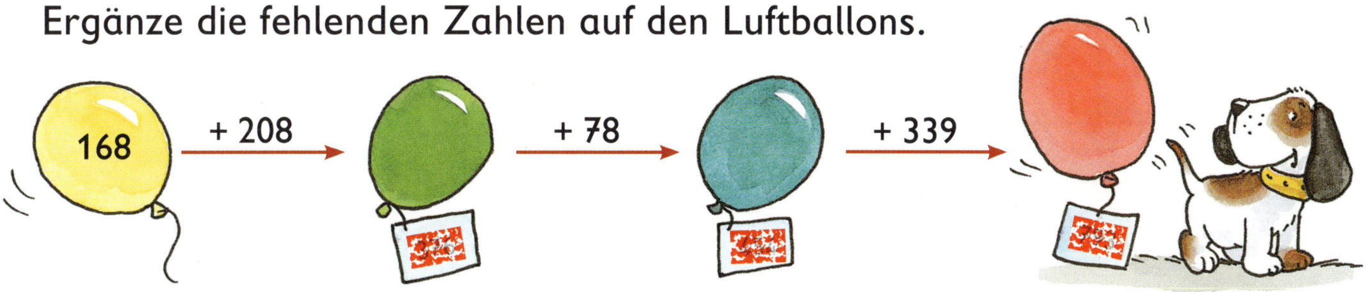

5 Wer arbeitet viel beim Fest? Rechne aus. Suche zu jedem Ergebnis den passenden Buchstaben. Trage die Lösungsbuchstaben in die Kästchen ein.

a) 171 + 829 = 1000
b) 287 + 149 = ______
c) 406 + 518 = ______
d) 89 + 165 = ______
e) 645 + 99 = ______
f) 462 + 39 = ______
g) 722 + 89 = ______
h) 387 + 564 = ______
i) 364 + 70 = ______
j) 333 + 444 = ______
k) 24 + 500 = ______

924 = U	434 = T
436 = A	1 000 = H
744 = M	951 = S
254 = S	777 = E
501 = E	524 = R
811 = I	

a	b	c	d	e	f	g	h	i	j	k
H										

Schriftliche Addition

1 Laura und Paul sind in den Ferien am Meer. Sie sammeln Muscheln. Wie viele haben sie zusammen? Rechne aus. Die Regel hilft dir.

Sie haben zusammen ______ Muscheln.

Regel So addierst du schriftlich:

Beispiel:

```
 H Z E
 1 2 9
+3 4 2
   1
 -----
 4 7 1
```

1. Schreibe die Zahlen stellenrichtig untereinander.
2. Einer (E) addieren, achte auf den Übertrag.
3. Zehner (Z) addieren
4. Hunderter (H) addieren

2 Welche Muschel kommt in welchen Eimer? Rechne die Aufgaben im Heft und verbinde.

3 Kreise die Aufgabe mit dem höchsten Ergebnis ein.

832 + 166 = ______

493 + 280 = ______

576 + 214 = ______

604 + 177 = ______

482 + 333 = ______

567 + 272 = ______

4 Ergänze die fehlenden Zahlen auf der Sandburg.

5 Kannst du die Zahlen auf den Schwimmringen richtig einsetzen? Rechne die Aufgaben aus. Trage die passenden Zahlen ein.

```
    2 3 □
  + 3 □ 2
  -------
    5 7 9
```

```
    5 □ 6
  + 1 3 4
  -------
    6 8 □
```

```
    8 9 3
  +   1 □
  -------
    □ 1 1
```

```
    4 □ 1
  + 1 6 7
  -------
    6 0 □
```

1 Moni und Lea machen ein Obst-Picknick.
Wer von den beiden hat mehr g Früchte dabei?
Trage die Ergebnisse ein. Der Tipp hilft dir.

Moni:

	3 5 0	g Kirschen
+	2 8 0	g Bananen
+	2 9 0	g Äpfel
	____	

Lea:

	4 5 0	g Bananen
+	2 4 0	g Äpfel
+	2 2 0	g Kirschen
	____	

Tipp Beachte die Regel von Seite 12.
Achtung: Berücksichtige den Übertrag.
Beispiel:

$$\begin{array}{r} 158 \\ +\ 99 \\ +685 \\ {\scriptstyle 22\ } \\ \hline 942 \end{array}$$

2 Aus der Kiste mit einem Ergebnis kleiner als 900
klaut Konfetti einen Apfel. Welche Kiste ist es?

Konfetti klaut den Apfel aus der ____________ Kiste.

3 Rechne die Aufgaben auf der Picknickdecke.

$$\begin{array}{r} 212 \\ +\,145 \\ +\,319 \\ \hline \\ \hline \end{array} \qquad \begin{array}{r} 607 \\ +\,312 \\ +\,63 \\ \hline \\ \hline \end{array} \qquad \begin{array}{r} 412 \\ +\,279 \\ +\,298 \\ \hline \\ \hline \end{array}$$

4 Nach dem Picknick spielen die Mädchen ein Spiel. Jedes der beiden würfelt dreimal nacheinander mit drei Würfeln und notiert sich die Zahl. Wer hat am Schluss die meisten Punkte?

Moni:

$$\begin{array}{r} 321 \\ +\,615 \\ +\,213 \\ \hline \\ \hline \end{array}$$

Lea:

$$\begin{array}{r} 545 \\ +\,126 \\ +\,362 \\ \hline \\ \hline \end{array}$$

5 Suche für Karlo den kürzesten Weg nach Hause. Das ist der Weg mit dem niedrigsten Ergebnis. Schreibe die Zahlen stellenrichtig in dein Heft und addiere sie.

Halbschriftliche Subtraktion

1 Der Tierwärter bringt den Elefanten 800 kg Futter. Sie fressen 724 kg. Wie viel kg Futter bleibt übrig? Rechne halbschriftlich. Der Tipp hilft dir.

800 – 724 = ______

______

______

______

Es bleiben ______ kg Futter übrig.

Tipp Du kannst halbschriftlich subtrahieren, indem du die Zahlen zerlegst.

Beispiel:

785 – 248 = 537

785 – 200 = 585 1. Hunderter der zweiten Zahl subtrahieren

585 – 40 = 545 2. Zehner der zweiten Zahl subtrahieren

545 – 8 = 537 3. Einer der zweiten Zahl subtrahieren

2 Wie viel Futter bleibt übrig? Rechne in deinem Heft.

3 Karlo fotografiert das Tier mit der Ergebniszahl 444.
Rechne aus und umkreise das entsprechende Tier.

4 Welches Tier lebt im Zoo? Rechne aus und
male die Felder mit den Lösungszahlen grau an.

723 – 318 = ______

437 – 419 = ______

219 – 147 = ______

808 – 489 = ______

671 – 494 = ______

931 – 658 = ______

789 – 445 = ______

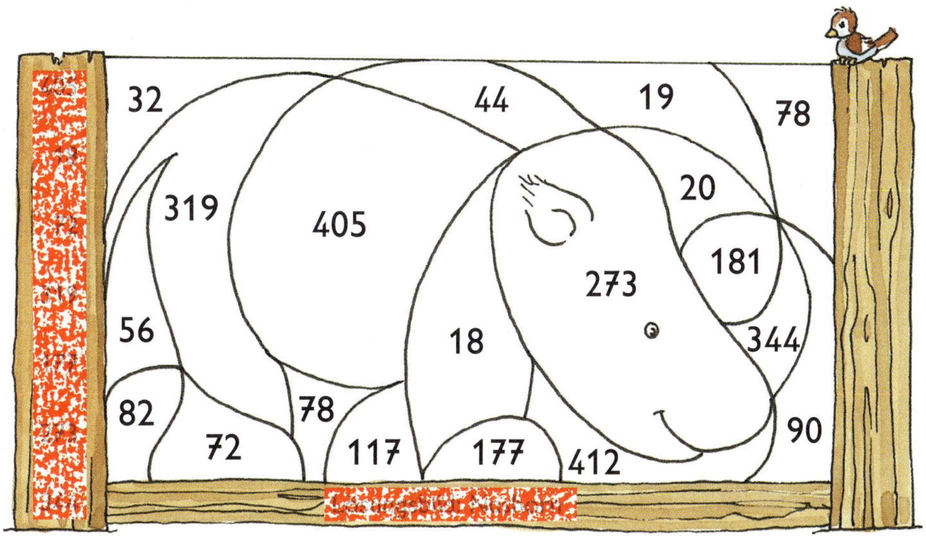

5 Findest du die richtigen Zahlen?
Rechne aus und trage sie auf den Fischen ein.

a) 378 – ___ = 113

b) 678 – 432 = ___

c) 251 – ___ = 43

d) 833 – 239 = ___

Schriftliche Subtraktion

1 Die Schüler haben heute im Freien Sportunterricht. Sie machen Weitsprung. Nina springt 278 cm weit, Tina 36 cm weniger. Wie weit springt Tina? Rechne schriftlich. Der Tipp hilft dir.

H Z E
2 7 8 [redacted] Denn 6 + gleich .
– ____ Denn 3 + gleich .

[redacted]

Tipp Subtrahiere, wie du es aus der Schule kennst.
Hier siehst du eine Möglichkeit (Ergänzen):
Beginne immer mit den Einern.
Rechne die Aufgabe von unten nach oben.
Beispiel:

H Z E	
4 3 5	Denn 3 + 2 gleich 5.
– 2 2 3	Denn 2 + 1 gleich 3.
2 1 2	Denn 2 + 2 gleich 4.

2 Konfetti hat die Turnschuhe der Kinder durcheinandergebracht. Rechne die Aufgaben und umkreise die beiden Schuhe mit dem gleichen Ergebnis.

a) 435 – 221 = ______
b) 587 – 72 = ______
c) 117 – 13 = ______

d) 653 – 342 = ______
e) 314 – 100 = ______
f) 268 – 44 = ______

3 Die Kinder spielen auch Fußball. Welche Aufgabe im Tor passt jeweils zum Ball? Unterstreiche.

4 Trage die fehlenden Zahlen auf den Bällen ein.

597 – ◯ = 374 689 – ◯ = 353

5 Welche Hindernisse überspringen Jonas und Tim, um zum Ziel zu gelangen? Die Lösungszahl steht jeweils im nächsten Hindernis. Zeichne den Weg ein.

Schriftliche Subtraktion mit Übertrag

1 Heike macht mit Freunden einen Einkaufsbummel. Sie hat 200 € gespart. Wie viel Geld hat sie übrig, wenn sie die Inlineskater im Schaufenster kauft? Berechne schriftlich. Die Regel hilft dir.

Ich habe noch ______ € übrig.

Regel So kannst du durch Ergänzen schriftlich mit Übertrag subtrahieren: Du musst mit Übertrag rechnen, wenn die Stelle der unteren Zahl größer als die Stelle der oberen Zahl ist.

Beispiel:

192	5 + [7] = 12
– 75	1 + 7 + [1] = 9
1	
117	

2 Wie viel Geld haben Heikes Freunde noch übrig? Berechne schriftlich in deinem Heft.

3 Trage die Ergebnisse in die äußeren Felder ein.

4 Was kauft Karlo? Rechne aus. Schreibe hinter das Ergebnis den passenden Buchstaben.

a) 387 – 190 = 197 T

462 – 272 = ____

843 – 561 = ____

709 – 688 = ____

b) 100 – 83 = ____

325 – 166 = ____

258 – 77 = ____

601 – 99 = ____

197	502	181	190	17	282	159	21
T	E	S	U	H	R	O	N

5 Auf den Kassenzetteln fehlen Zahlen. Ergänze sie.

1 9 □ [redacted]

– □ □ 9 [redacted]

1

1 9

□ □ 3 [redacted]

– 2 6 2

1

1 9 □ [redacted]

Halbschriftliche Multiplikation

1 Marion verbringt eine Woche auf dem Ponyhof. Sie reitet jeden Tag 14 km. Wie viele km reitet sie in 7 Tagen? Rechne halbschriftlich. Die Regel hilft dir.

Ich reite in 7 Tagen ______ km.

Regel So multiplizierst du halbschriftlich:

Beispiel:

314 · 3 = ?

300 · 3 = 900 — Erst mit den Hundertern multiplizieren,
10 · 3 = 30 — dann mit den Zehnern,
4 · 3 = 12 — dann mit den Einern.

Zum Schluss die Teilergebnisse addieren:
900 + 30 + 12 = 942.

2 Marions Sattel hat das Ergebnis 182.
Welcher ist es? Kreise ihn ein.

3 Rechne die Aufgaben in deinem Heft.
Welches Hufeisen hat das höchste Ergebnis?

32 · 9 ______ 91 · 6 ______ 33 · 5 ______

76 · 2 ______ 24 · 8 ______ 47 · 4 ______

4 Was fressen die Ponys am liebsten? Rechne aus und verbinde jedes Pony mit dem richtigen Futter.

88 · 2

49 · 3

684

176

108

147

76 · 9

27 · 4

5 Rechne die Aufgaben so schnell wie möglich.
Welche Aufgaben haben das gleiche Ergebnis?

a) 3 · 2		· 5		· 7		· 4	
b) 7 · 4		· 4		· 3		· 2	
c) 3 · 4		· 7		· 5		· 2	

Halbschriftliche Division

1 Thomas hat ein großes Glas mit 76 Bonbons zu seinem Geburtstag bekommen. Er verteilt die Bonbons gleichmäßig an jedes Kind. Berechne, wie viele Bonbons jedes Kind bekommt.

76 : 4 = ____

Jedes Kind bekommt ____ Bonbons.

Tipp Zerlege beim halbschriftlichen Dividieren die Aufgabe in Teilaufgaben, die beim Teilen aufgehen.

Beispiel:

735 : 3 = ____

600 : 3 = 200	735 wird zerlegt in 600,
120 : 3 = 40	in 120
15 : 3 = 5	und in 15.

Zum Schluss alle Teilergebnisse addieren:
200 + 40 + 5 = 245.

2 Thomas Mutter holt die Torte mit dem höchsten Ergebnis aus dem Kühlschrank. Welche ist es?

96 : 8 = ____

88 : 4 = ____

3 Rechne und schreibe die passenden Ergebnisse auf die Geschenke.

4 Möchtest du wissen, wie alt Thomas wird? Dann rechne die Aufgabe und male die passende Anzahl an Kerzen auf die Geburtstagstorte.

896 : 8 → ____ : 4 → ____ : 4 → ____

5 Welches Geschenk hat Konfetti im Garten versteckt? Rechne aus. Die Buchstaben an den richtigen Büschen ergeben das Lösungswort.

36 : 2 = 18
88 : 8 = ____
115 : 5 = ____
78 : 3 = ____
540 : 9 = ____
92 : 4 = ____
480 : 6 = ____
84 : 7 = ____

Wiederholung

1 Trage die fehlenden Zahlen ein.

2 Rechne die Aufgaben auf den Puzzleteilen aus.
Unterstreiche alle geraden Ergebnisse.

3 Schneide die Spielmaterialien auf Seite 95 aus.
Beim Legespiel musst du die Formen richtig anlegen. Puzzle mit der gelben Seite. Mische neu: Schaffst du auch die blaue Seite? Was siehst du?

4 Welches Segel passt zu welchem Boot?
Rechne die Aufgaben und verbinde.

5 Karlo kauft 3 Äpfel, 4 Becher Joghurt und 7 Bananen.
Rechne aus, wie viel er bezahlen muss, und gib
das Ergebnis in € an.

Frage: ______________________________

Rechnung: ______________________________

____

Antwort: ______________________________

6 Rechne die Aufgaben in deinem Heft.

Knack den Code

Auf jeder Doppelseite (Seite 68 – 93) findest du eine kleine braune Lupe. Darin steht jeweils eine Zahl.

- Schreibe die Zahlen nacheinander auf die Linien.
- Ersetze sie dann durch die Buchstaben, die auf dem Zettel versteckt sind: zum Beispiel 9 durch den Buchstaben T.
- Trage jeweils den passenden Buchstaben unter der Zahl ein. Wie heißt der Lösungssatz?

CODE

9 =	16 =
22 =	20 =
3 =	6 =
14 =	11 =
7 =	4 =

___	___	___		___	___	14	___	___	___

11	___	___	___	___	7	3	___	!

Code geknackt:

Datum

Mein Detektivname

Fingerabdruck

Unterschrift

Domino für das Spiel auf Seite 73

Mit deiner Lösungslupe kannst du die Lösungen auf der Rückseite der Karte lesen.

Start 534 + 200	734 – 22	712 – 343
369 + 79	448 + 231	679 – 59
620 + 89	709 – 11	698 + 2
700 – 335	365 + 23	388 Ziel

Formen für das Legespiel auf Seite 92

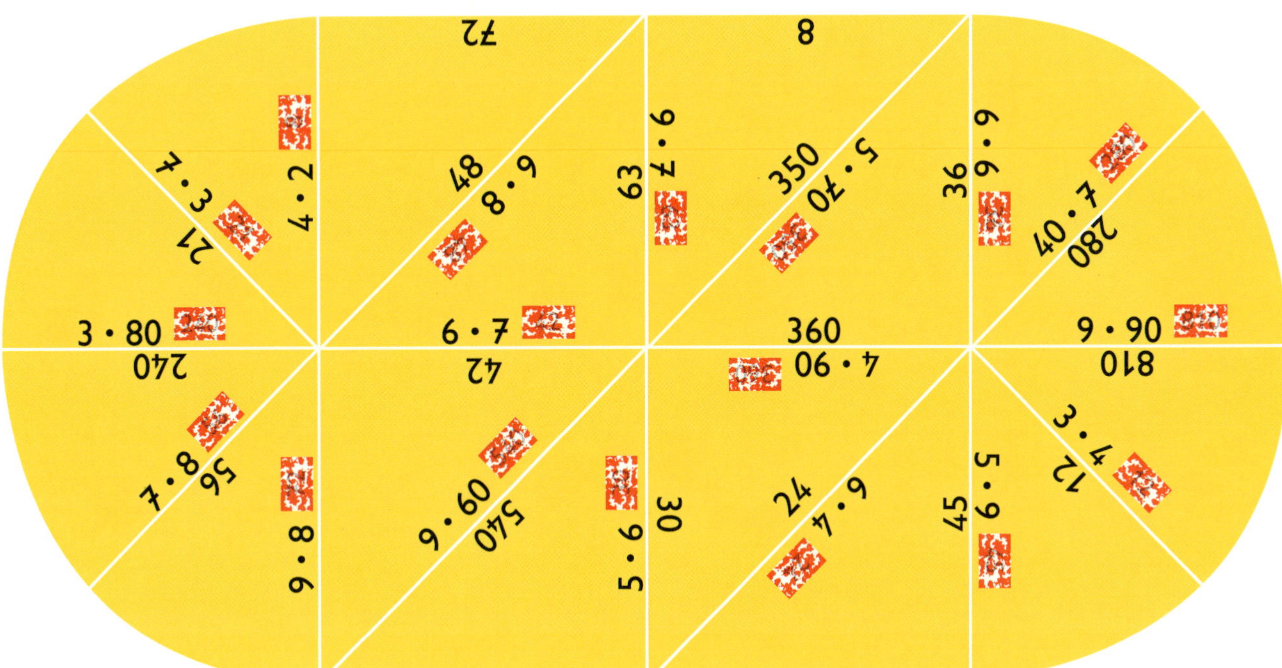

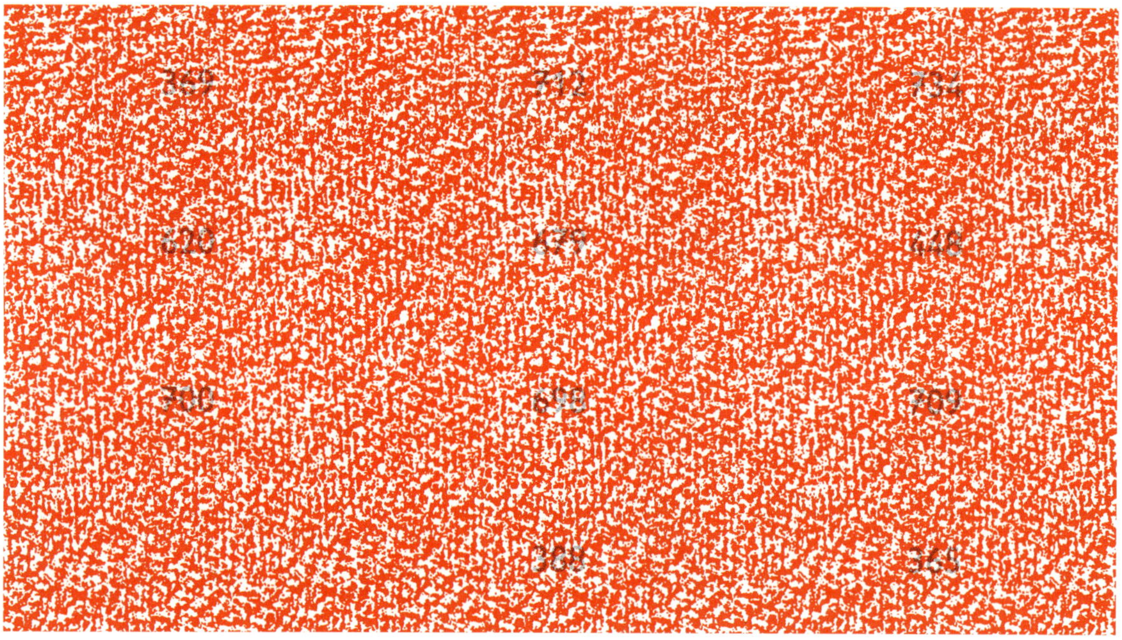

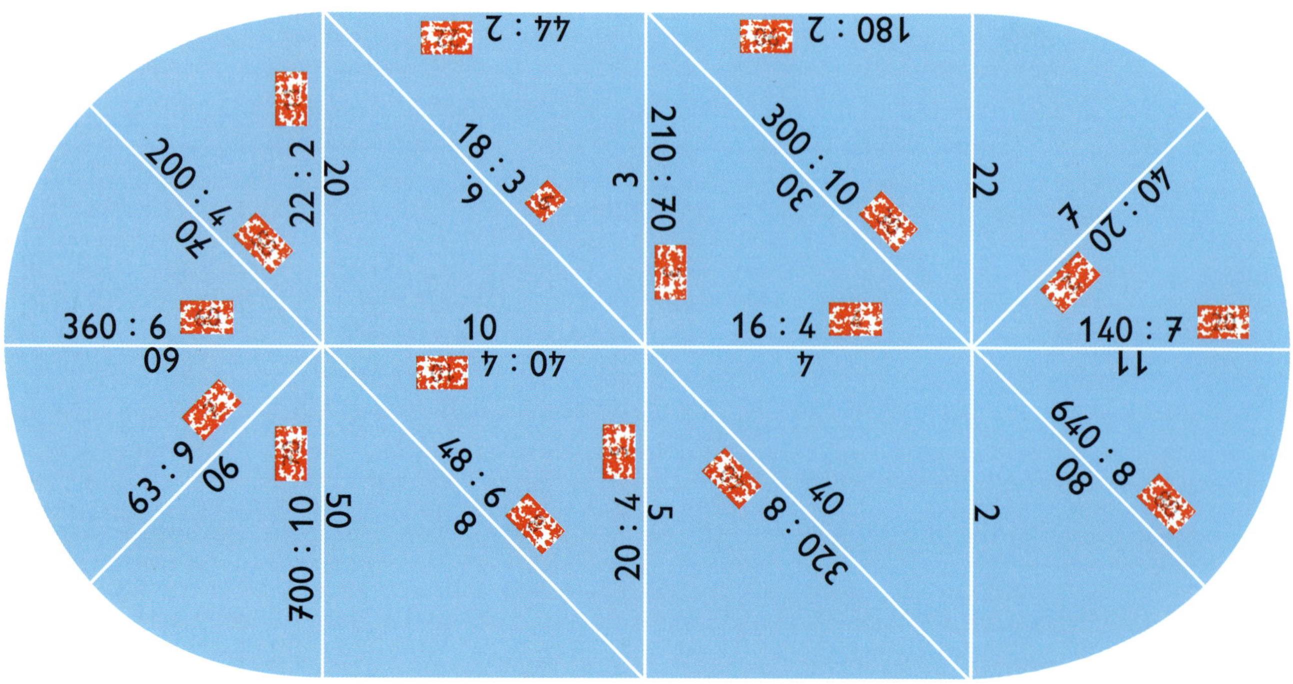
44 : 2
180 : 2
22 : 2
20
200 : 7
70
18 : 3
6
3
210 : 70
300 : 10
30
22
40 : 20
7
360 : 6
10
16 : 4
140 : 7
60
40 : 4
4
11
63 : 9
90
48 : 6
8
640 : 8
80
700 : 10
50
20 : 4
5
320 : 8
40
2

Textaufgaben

die Hälfte

dazu

mehr

je / jeweils

weniger

zusammen

Textaufgaben verstehen

1 Sonja geht zur Bank. Sie hebt von ihrem Sparkonto 65 € ab. Davor hatte sie ein Guthaben von 170 €. Wie viel € hat sie noch?

Was will ich wissen?

Wie viel € hat sie noch?

Was weiß ich schon?

abgehobenes Geld: 65 €, Guthaben: 170 €

Wie muss ich rechnen?

Wie heißt die Antwort?

Tipp So kannst du Textaufgaben leichter lösen:

- Was will ich wissen? Unterstreiche in Rot.
- Was weiß ich schon? Unterstreiche in Blau.
- Wie muss ich rechnen? Rechne hier oder in deinem Heft.
- Wie heißt die Antwort?

2 Sonja hebt nochmals 16 € ab. Wie viel € bleiben auf ihrem Konto? Rechne aus. Achte auf die Zeichen.

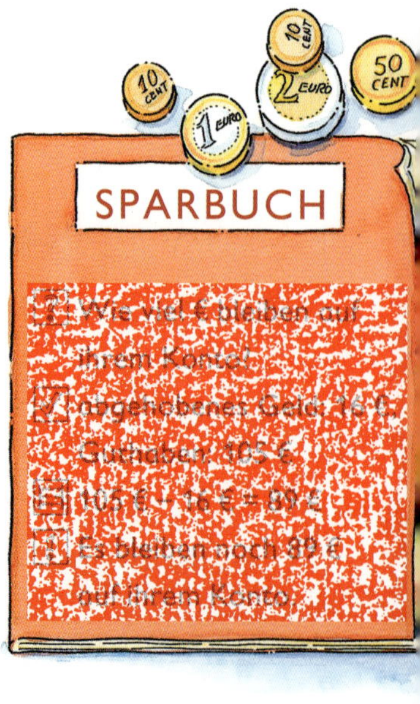

3 Karlo bekommt 25 € zum Geburtstag. Sein Freund schickt ihm noch 45 € in einem Päckchen. Wie viel Geld bekommt er insgesamt?

4 Tom kauft sich ein Nusshörnchen für 1,20 € und ein Eis für 90 ct. Tom hat nur noch 1 € und muss sich Geld von seinem Bruder leihen. Rechne aus. Die Regel hilft dir.

Regel Es hilft dir, wenn du die Preise in ct umrechnest.
1 € (Euro) = 100 ct (Cent)
Das Komma trennt Euro und Cent.
Beispiel: 1 € 50 ct = 1,50 € = 150 ct

Signalwörter 

1 a) Anna und Luisa verkaufen ihre Spielsachen auf dem Flohmarkt. Anna hat 5 Puzzles dabei, Luisa doppelt so viele. Wie viele Puzzles hat Luisa? Rechne aus. Der Tipp unten hilft dir.

b) Pro Puzzle verlangen die beiden 2 €. Wie viel Geld erhalten sie, wenn sie alle Puzzles verkaufen?

a)

b)

Tipp Bei vielen Aufgaben zeigen dir Signalwörter, welche Rechenart du beim Lösen verwenden musst.

Beispiel: doppelt → · 2

weniger → −

2 Hilf Karlo, zu den Signalwörtern das passende Rechenzeichen zu finden. Fülle die Kästchen aus.

die Hälfte ☐ [redacted]

dazu ☐ [redacted]

mehr ☐ [redacted]

je / jeweils ☐ [redacted]

weniger ☐ [redacted]

zusammen ☐ [redacted]

3 Karlo kauft 3 Spielzeugautos für je 50 ct und 2 Päckchen mit Legosteinen für jeweils 2,50 €. Wie viel Geld muss er insgesamt zahlen? Unterstreiche die Signalwörter und rechne aus.

[redacted]

4 Anna und Luisa verdienen insgesamt 124 €. Die Hälfte des Geldes spenden sie an ein Tierheim. Wie viel € bleiben nun für jede der beiden übrig? Unterstreiche die Signalwörter und rechne aus.

[redacted]

Rechenbaum als Lösungshilfe

1 Hanna geht mit ihrer Mutter einkaufen. Sie bekommt einen Pulli und Schuhe. Wie viel € kostet alles zusammen? Ergänze die fehlenden Zahlen im Rechenbaum.

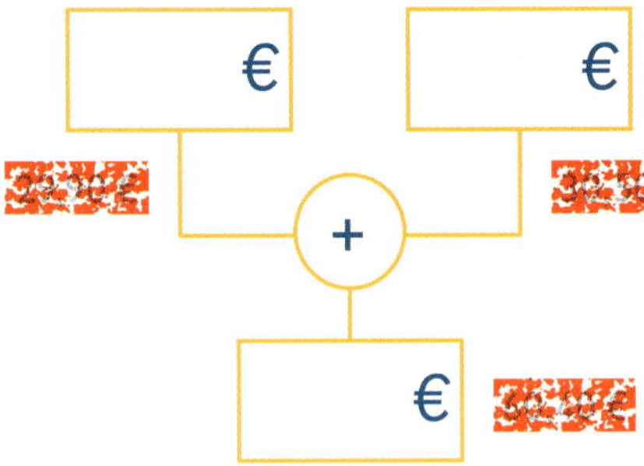

! ______________________________

____

Tipp Manchmal kannst du Textaufgaben leichter lösen, wenn du die Aufgabe in Teilaufgaben zerlegst. Die Zahlen lassen sich mit einem oder mehreren Rechenbäumen übersichtlich anordnen.

2 Detektiv Karlo kauft sich 3 Paar Socken und einen Pulli. Wie viel € muss er zahlen? Fülle den Rechenbaum aus.

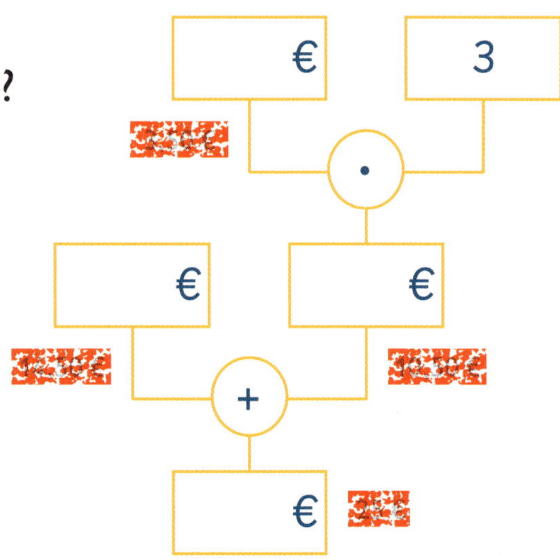

! ______________________________ [redacted]

Sonderangebot zum Schulstart

Heft je 0,40 €
Buntstift je 0,35 €
Ordner je 2,50 €
Zeichenpapier 4,99 €
Radiergummi je 0,99 €

3 a) Benjamin kauft für die Schule ein. Schau dir seine Einkaufsliste genau an und trage die fehlenden Zahlen in die Rechenbäume ein. Es hilft dir, die Preise in ct umzuwandeln.

Preis für Hefte: [redacted] ct · [redacted] = [redacted] ct

Preis für Stifte: [redacted] ct · [redacted] = [redacted] ct

Preis für Radiergummis: [redacted] ct · [redacted] = [redacted] ct

b) Wie viel € muss Benjamin insgesamt zahlen?

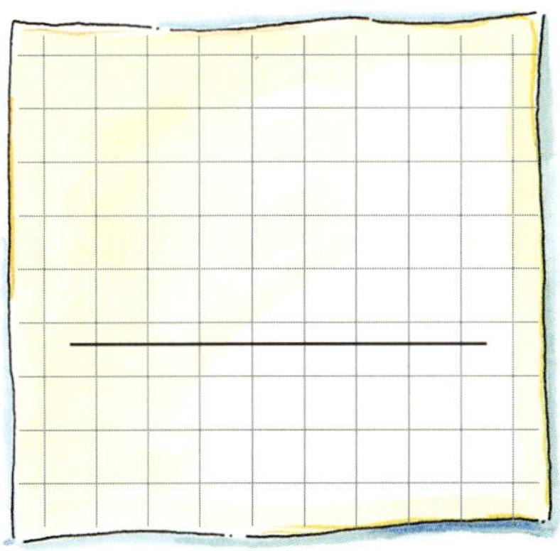

! ______________________

____

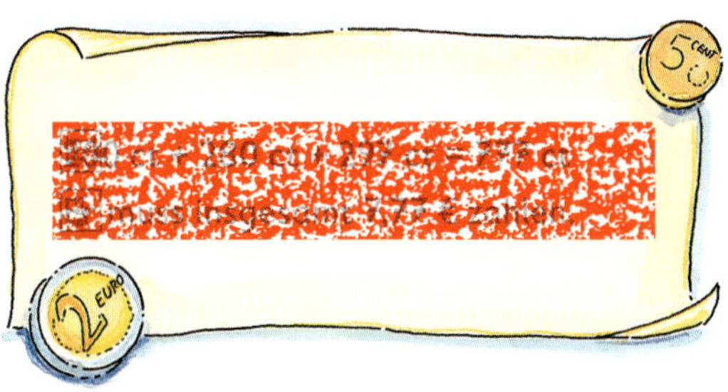

[redacted]

[redacted]

4 Benjamin hat für die Schreibwaren 10 € eingeplant. Kann er davon noch 3 Tafeln Schokolade zu je 65 ct kaufen? Zeichne den Rechenbaum in dein Heft und rechne.

Rechengeschichten

1 Familie Einstein macht einen Ausflug in den Freizeitpark. Schau dir das Bild an und schreibe eine passende Rechengeschichte dazu auf.

Beginne deine Rechengeschichte so:

Herr Einstein kauft

?

!

2 Lies dir genau durch, was die Leute vor dem Kassenautomaten sagen, und schreibe die passenden Fragen dazu auf.

? a) Wie teuer ist meine Karte? ______

? b) ______

? c) ______

? d) ______

3 Rechne die Aufgaben in den Sprechblasen in deinem Heft. Zu welcher deiner vier Fragen oben passt das Ergebnis auf Laras Schild? Kreuze an.

Das Ergebnis passt zu Frage:

a) ☐ b) ☐ c) ☐ d) ☐

Millimeter / Zentimeter / Meter

1 Markus und seine Freunde wollen ein Baumhaus bauen. Miss mit einem Lineal die Längen der Schrauben und Nägel in mm und wandle dann in cm um. Das Beispiel hilft dir.

a) 11 mm = 1 cm 1 mm = 1,1 cm

b) ______

c) ______

d) ______

e) ______

Regel 1 cm (Zentimeter) = 10 mm (Millimeter)
1 m (Meter) = 100 cm (Zentimeter)

Das Komma trennt Zentimeter und Millimeter.
Beispiel: 29 mm = 2 cm 9 mm = 2,9 cm

Das Komma trennt Meter und Zentimeter.
Beispiel: 450 cm = 4 m 50 cm = 4,50 m

2 Wandle alle Längen in mm um und ordne sie der Größe nach. Beginne mit der kürzesten Länge. Die Buchstaben verraten dir, welches Werkzeug Markus braucht.

0,3 cm = 3 mm < ______

______

______

Lösung: H _ _ _ _ _

3 Die Kinder machen sich eine Skizze vom Baumhaus. Markus' Bleistift ist 17 cm lang, Jens' Bleistift ist 4 cm kürzer. Rechne die Länge aus und gib das Ergebnis in mm an.

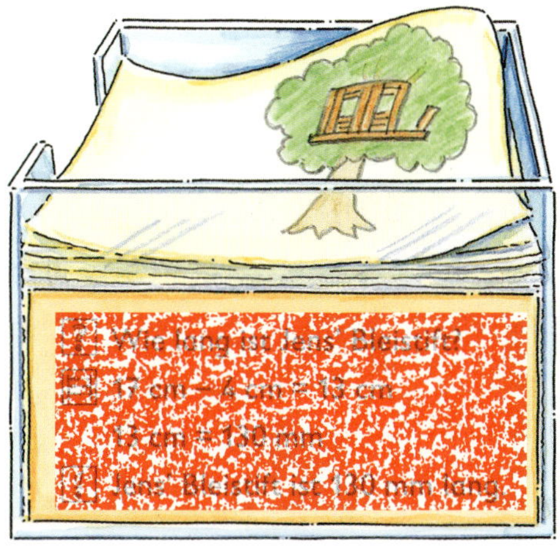

?

!

4 Markus sägt die Bretter zurecht. Sie sollen jeweils 2 m lang sein. Wie lang sind die Reststücke? Schreibe die passende Rechnung auf die Bretter.

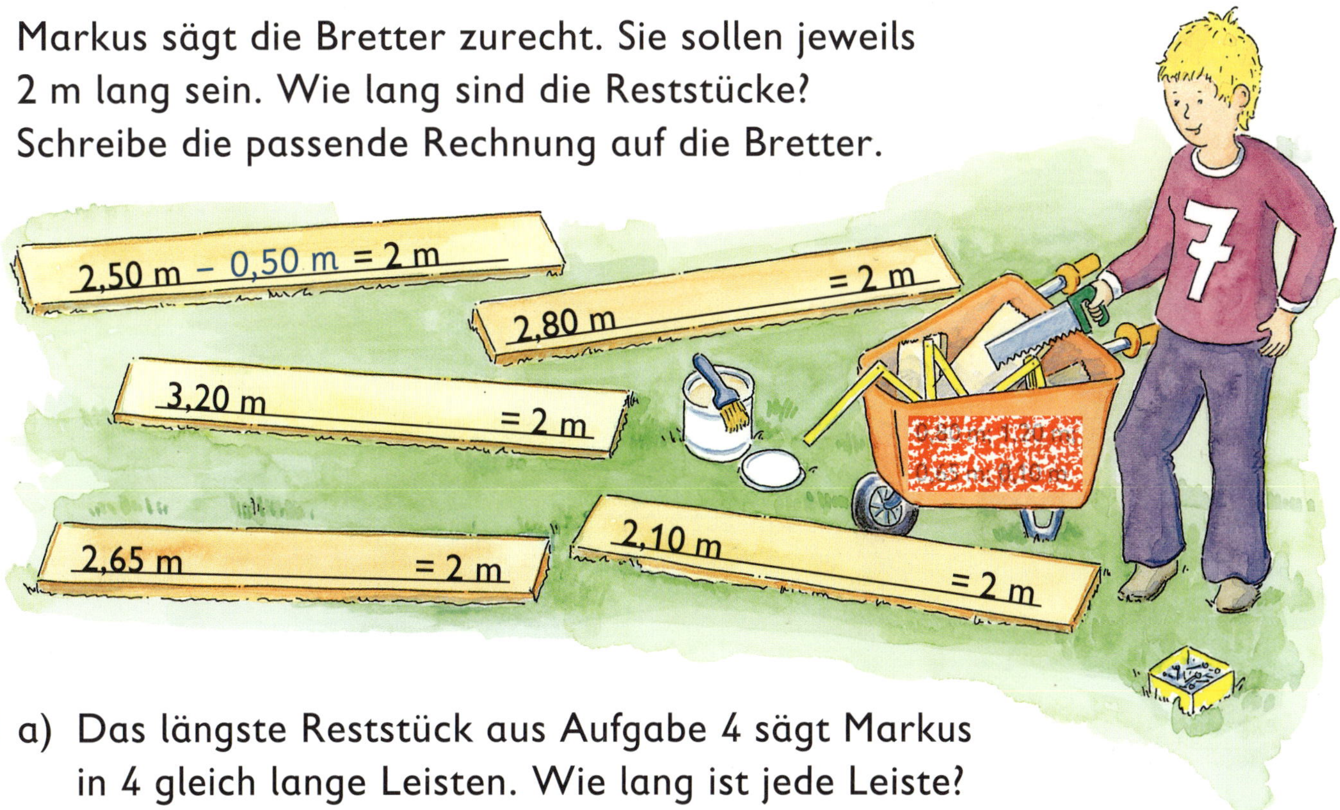

5 a) Das längste Reststück aus Aufgabe 4 sägt Markus in 4 gleich lange Leisten. Wie lang ist jede Leiste?
b) Wie lang sind die 3 übrigen Reststücke zusammen?

a)

!

b)

!

Zeichnung als Lösungshilfe

1 Sofia und Hannes helfen ihrem Vater beim Tapezieren von Sofias Zimmer. Hannes Tapetenbahn ist 2,30 m lang, die von Sofia ist 50 cm kürzer. Wie lang ist Sofias Bahn? Der Tipp hilft dir.

Tipp Bei vielen Textaufgaben hilft dir eine Zeichnung weiter, um den Rechenweg der Aufgabe herauszufinden.

Zeichnung:

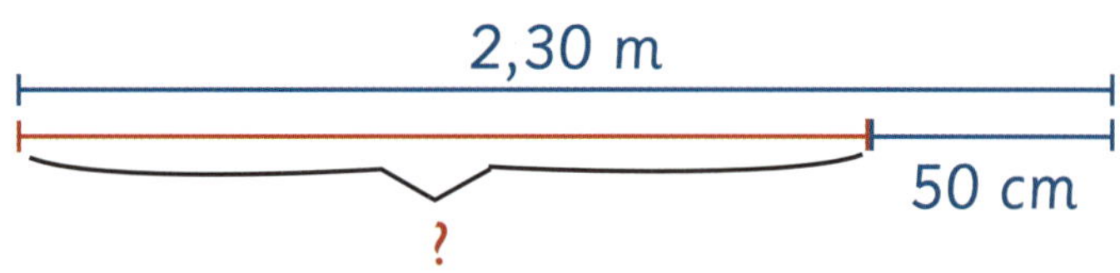

2 Von einer roten Tapetenrolle mit 8 m Länge schneiden Hannes 2,30 m und Sofia 2,70 m ab. Der Vater braucht 2,50 m. Wie viel m bleiben auf der Rolle übrig? Eine Zeichnung hilft dir.

3 Die Breite der Tapetenbahn beträgt 50 cm. Wie lang ist die Wand, wenn der Vater 8 Bahnen nebeneinanderklebt? Fertige in deinem Heft eine Zeichnung an und rechne in Metern.

[redacted]

4 Hier siehst du eine Zeichnung von Sofias Zimmer. Für die folgenden Aufgaben hilft es dir, wenn du die restlichen Tapetenbahnen einzeichnest. Karlo hilft dir unten.

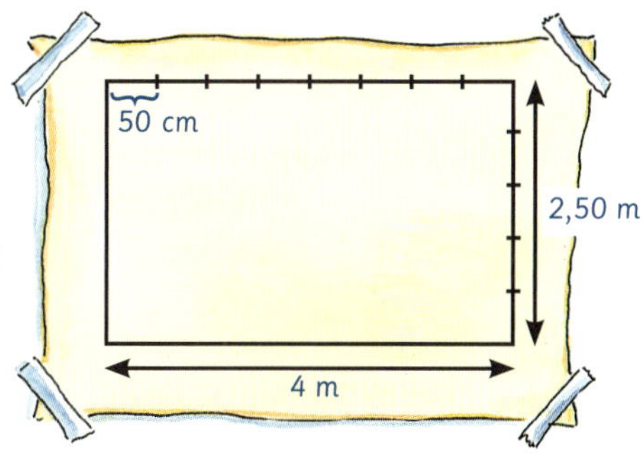

a) Rechne aus: Wie viele Tapetenbahnen benötigt Sofias Vater für eine kurze Seite des Zimmers?

b) Wie viele Bahnen braucht er insgesamt für Sofias Zimmer?

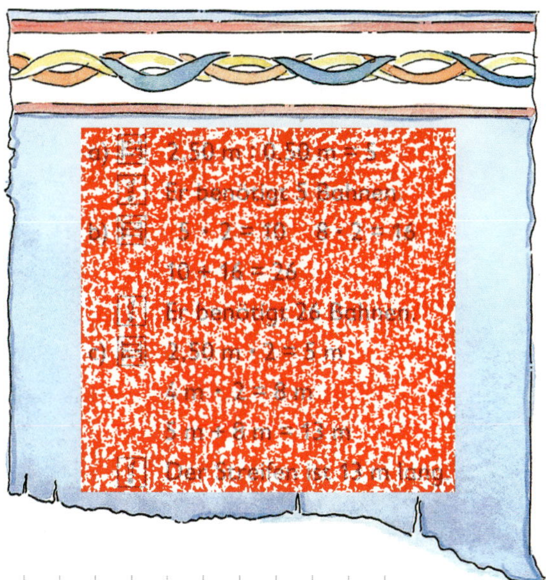

[redacted]

c) Ringsherum soll auf der Tapete ein Streifenmuster aufgemalt werden. Wie lang ist dieser Streifen?

Meter und Kilometer

1 Moritz und Nils machen einen Ausflug zu ihrer Oma. Sie fahren 8 km mit dem Bus. Von der Haltestelle gehen sie noch 750 m zum Haus der Oma. Berechne die Gesamtlänge des Weges in km.

Regel 1 km (Kilometer) = 1000 m (Meter)
Das Komma trennt Meter und Kilometer.
Beispiel: 1500 m = 1 km 500 m = 1,500 km

2 Trage die Streckenangaben in die Tabelle ein. Ordne die Entfernungen der Größe nach und ergänze die Tabelle.

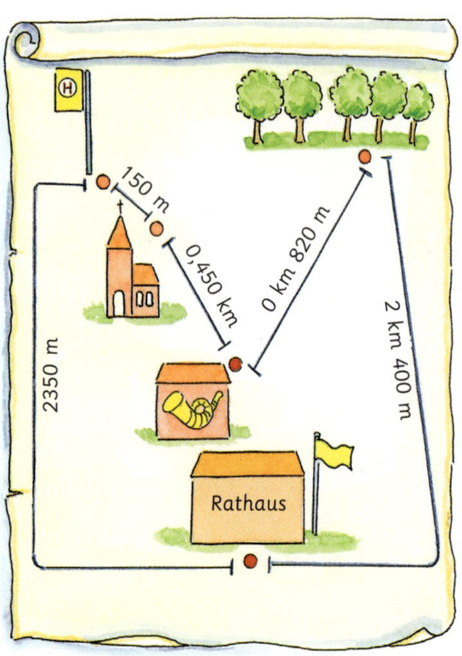

m	km m	km
150 m	0 km 150 m	0,150 km

3 Nils behauptet: „Von der Haltestelle bis zur Post ist es genauso weit wie von der Haltestelle zu Omas Haus.“ Stimmt das? Berechne den Unterschied.

4 Die Oma möchte mit ihren Enkeln Onkel Max in Bremen besuchen. Die Autostrecke beträgt 120 km. Nach 85 km müssen sie tanken. Wie weit müssen sie noch fahren?

5 Lara verreist mit dem Zug. Auf der Hinfahrt sind es 437 km. Auf der Rückfahrt macht sie einen Umweg von 74 km.
Weißt du, wie viele km Lara insgesamt fährt?

Gramm und Kilogramm

1 Lisa ist beim Einkaufen. Sie soll ihrer Mutter ¼ kg Butter mitbringen. Wie viel g sind das? Rechne um und schreibe die Gewichte als Kommazahl. Die Regel unten hilft dir.

a) ¼ kg = 250 g = ______

b) ½ kg = ______

c) ¾ kg = ______

d) 1 ½ kg = ______

Regel 1 kg (Kilogramm) = 1000 g (Gramm)
Das Komma trennt Kilogramm und Gramm.
Beispiel: 3680 g = 3 kg 680 g = 3,680 kg

2 Lara kauft 1500 g Kartoffeln, 210 g Zwiebeln und 325 g Tomaten. Unterstreiche, was wichtig ist. Rechne das Gesamtgewicht erst in g aus. Wandle dann in kg um.

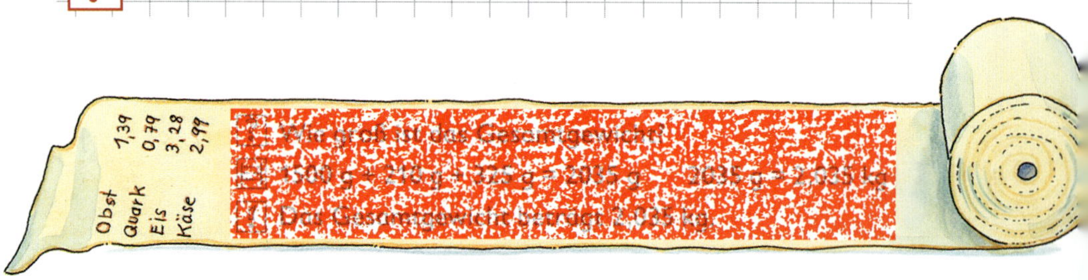

3 Lisa möchte von diesen Lebensmitteln 1 kg kaufen. Wie viel g fehlen jeweils noch? Fülle den Zettel aus.

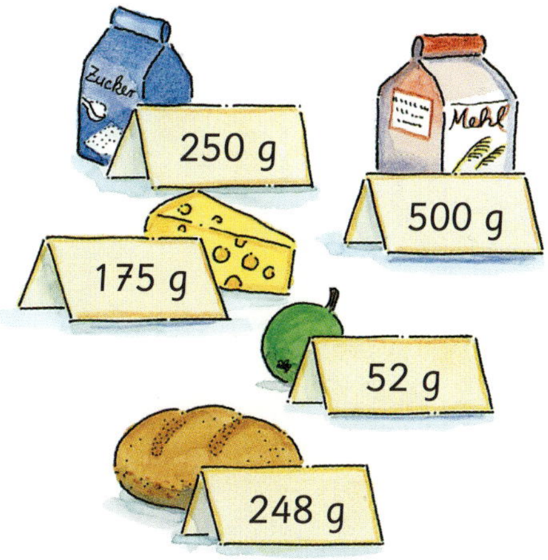

Zucker: 250 g + ______ = 1000 g
Mehl: ______
Käse: ______
Äpfel: ______
Brot: ______

[redacted]

4 Karlo kauft für Konfetti 2 Kartons Hundefutter auf Vorrat. In jedem Karton sind 10 Dosen. Wie viel kg wiegen die Dosen, wenn eine Dose 400 g wiegt?

[redacted]

5 Karlo möchte seinem Freund zum Geburtstag ein Päckchen schicken. Es darf aber nicht mehr als 2 kg wiegen. Darf Karlo alles einpacken? Rechne in deinem Heft. Schreibe hier nur die Antwort.

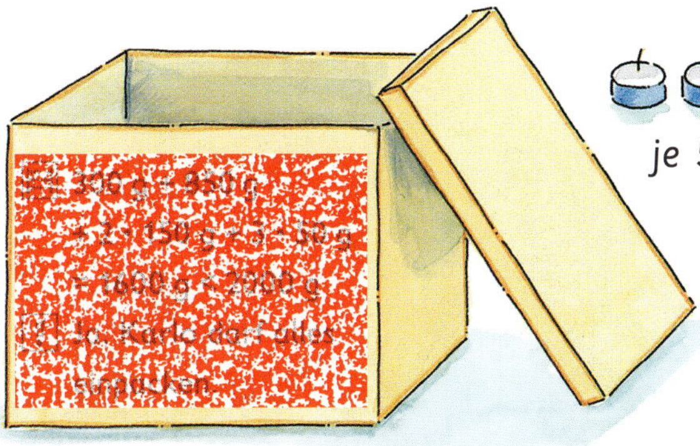

[redacted]

______

Tabelle als Lösungshilfe

1 Julian und Fabian veranstalten eine Gartenparty. Wie viel kg Würstchen müssen die beiden grillen, wenn jedes der 10 Kinder 2 Würstchen isst?

Tipp Eine Tabelle hilft dir, Rechnungen übersichtlich und in kurzer Form darzustellen. Aus ihr kannst du Informationen für deinen Lösungsweg entnehmen.

2 a) Nur 8 Kinder essen ihre Würstchen. Wie viel g sind das? Ergänze in der Tabelle, was du schon weißt, und rechne. Achte dabei auf die bunten Pfeile.

· 8 · 10 : [illegible]

Anzahl Kinder	Anzahl Würstchen	Gewicht in g
1	[illegible]	[illegible]
10	[illegible]	[illegible]
8	[illegible]	[illegible]
[illegible]	[illegible]	[illegible]

b) Hilf Karlo, das Gewicht der übrigen Würstchen zu berechnen. Vervollständige die Tabelle.

3 Rechne die Aufgaben Schritt für Schritt mithilfe der Tabelle unten und trage deine Ergebnisse ein.

Hier hast du Platz für deine Rechnungen:

a) Fabians Mutter backt Waffeln.
Auf einem Teller liegen schon 4 Stück.
Wie viel g wiegen die Waffeln?

b) Sie backt noch einmal doppelt so viele Waffeln. Wie viel g wiegen diese Waffeln? Achte auf das Signalwort.

c) Konfetti stibitzt unbemerkt 10 Waffeln vom Teller. Wie viel g sind das?

$\cdot 4$ (1 → 4)

Anzahl Waffeln	1	4		10
Gewicht in g	70 g			

4 Rechne in deinem Heft und lege eine Tabelle dazu an. Notiere hier nur deine Antwortsätze.

a) Die Kinder spielen Eierlauf.
10 Eier wiegen 800 g. Fabian fallen beim ersten Lauf 5 Eier herunter. Wie viel g wiegen die heruntergefallenen Eier?

b) Beim zweiten Lauf fallen 3 Eier herunter. Weißt du, wie viel g diese Eier wiegen?

! a) ______________________________

! b) ______________________________

Kilogramm und Tonne

1 Willst du wissen, was Jakobs Mutter kauft?
Dann ordne den Dingen in der Reihenfolge von 1–4 das passende Gewicht zu.
Die Buchstaben ergeben das gesuchte Wort.

2 t: O

85 t: A

10 t: T

750 kg: U

250 kg: S

100 kg: G

Jakobs Mutter kauft ein _ _ _ _ (1, 2, 3, 4). [redacted]

Regel Ganz schwere Gewichte werden in Tonnen gewogen.
1 t (Tonne) = 1000 kg

2 Rechne in kg um. Die Regel hilft dir.

5 t = __________ ¼ t = __________

2 t 400 kg = __________ ¾ t = __________

7 t 300 kg = __________ ½ t = __________

3 Schreibe die passende Frage zu Karlos Text auf und rechne. Denke an das Signalwort.

?

!

[redacted]

4 Die Mutter fährt Jakob und Sina zur Schule. Jakob wiegt 35 kg, Sina 30 kg und die Mutter 65 kg. Der Wagen wiegt 780 kg. Wie viel kg fehlen bis zu 1 t? Rechne aus.

5 Das zulässige Höchstgewicht der Brücke beträgt 3 t. Der Kipplaster wiegt 1 800 kg und ist mit 600 kg Schrott beladen. Darf er über die Brücke fahren?

6 Ein Transporter soll mit genau 1,5 t beladen werden. Wie viele Fahrräder, Motorräder und Autos darf er laden? Trage zwei Möglichkeiten in die Tabelle ein. Rechne in deinem Heft.

10 kg	250 kg	1 t	
0	2	1	1500 kg
			1500 kg
			1500 kg

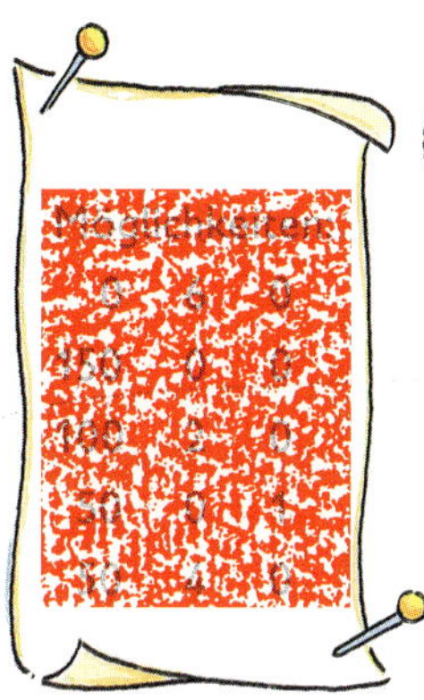

Sekunde und Minute

1 Jonas und Anna laufen um die Wette.
Schreibe ihre Laufzeit jeweils in min und s auf.

90 s **F**	230 s **L**	85 s **E**
1 min 30 s		
	[redacted]	[redacted]
83 s **N**	107 s **U**	122 s **A**
[redacted]	[redacted]	[redacted]

Regel 1 min (Minute) = 60 s (Sekunden)

2 Ordne die Laufzeiten in Aufgabe 1 nach der Größe.
Beginne mit dem größten Ergebnis. Die Buchstaben verraten dir, was der Schnellste am liebsten macht.

230 s >

[redacted]

Lösungswort:

L

3 Um wie viele s ist Anna beim letzten Lauf langsamer als Jonas?

[redacted]

4 Monika und Tanja üben für den Mannschaftslauf.
Monika braucht 135 s und Tanja 110 s.
Wie viele min sind das zusammen?

[redacted]

5 Für die gleiche Strecke braucht Monika 65 s,
Moritz 55 s, Tanja 67 s und Niklas 53 s.
Rechne die Gesamtzeit in min um.

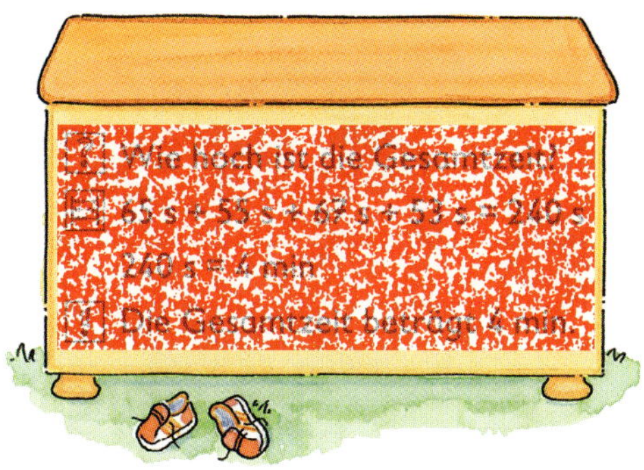

[redacted]

6 Konfetti rennt aufgeregt hinterher. In der 1. Runde
braucht er 1 min 15 s, in der 2. Runde 2 min 27 s.
Wie viele s Unterschied macht dies aus?

[redacted]

Zeitspannen

1 Detektiv Karlo und Konfetti sind oft am Badesee.
Karlo überlegt, wie lange sie jeden Tag dort sind.
Rechne die Zeitangaben in min um.

Montag: 2 h = 120 min

Dienstag: 4 h = ______

Mittwoch: 3 h 20 min = ______

Donnerstag: 2 ½ h = ______

Freitag: 5 ¼ h = ______

Samstag: 3 ¾ h = ______

[redacted]

Regel 1 h (Stunde) = 60 min (Minuten)
1 Tag = 24 h (Stunden)

2 Konfetti trifft unterwegs ein paar Radler.
Die Radler sind am Freitag losgefahren.
Heute ist Dienstag. Wie viele Tage sind das?
Rechne das Ergebnis auch in h um.

Zeichnung: Fr Sa So Mo Di

1 Tag → 1 Tag → 1 Tag → 1 Tag → 1 Tag

Freitag bis Dienstag = ______ Tage

[redacted]

3 Marvin und sein Freund sind seit 10.30 Uhr am Badesee. Jetzt ist es 15.15 Uhr. Wie lange sind die beiden schon dort? Ergänze die Angaben im Tipp und rechne.

Tipp So kannst du leicht die Zeitdauer berechnen:

10.30 Uhr → Zeitdauer? → 15.15 Uhr

[redacted] ______ → 11.00 Uhr → ______ [redacted]

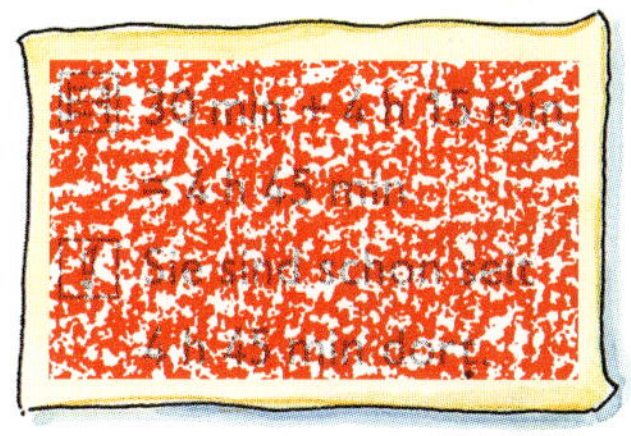
[redacted]

4 Um 18.00 Uhr fahren die Freunde nach Hause. Sie brauchen 1 h 40 min für den Heimweg, weil sie noch Eis essen gehen. Wann sind sie zu Hause? Ergänze auch hier die Angaben im Tipp und rechne.

Tipp So kannst du den Zeitpunkt berechnen:

18.00 Uhr → 1 h 40 min → Zeitpunkt?

[redacted] ______ → 19.00 Uhr → ______ [redacted]

[redacted]

Woche / Monat / Jahr

1 Leonie hat vor 2 Wochen und 3 Tagen eine Geburtstagseinladung an alle ihre Freunde verschickt. Wie viele Tage sind das? Rechne um.

2 Wochen 3 Tage = ____________________

3 Wochen 6 Tage = ____________________

4 Wochen 2 Tage = ____________________

5 Wochen 5 Tage = ____________________

Tipp 1 Woche = 7 Tage
1 Jahr = 12 Monate

2 a) Leonie ist 9 Jahre alt. Sie überlegt, wie viele Monate ihre jüngeren Geschwister alt sind. Rechne das Alter in Monate um.

Jana: 1 Jahr und 4 Monate = ____________________

Jakob: 7 Jahre und 8 Monate = ____________________

Diana: 6 Jahre und 1 Monat = ____________________

Max: 3 Jahre und 11 Monate = ____________________

b) Leonies Hund Flocki ist 2 Jahre alt.
Wie alt war Leonie, als sie ihn vor 1 ½ Jahren geschenkt bekommen hat?

3 Leonies Eltern sind zusammen 71 Jahre und 11 Monate alt. Ihre Mutter ist 35 Jahre und 3 Monate alt.

[redacted]

4 Leonies Tante ist genau doppelt so alt wie der Vater. Weißt du, wie alt sie ist? Denke an das Signalwort und rechne.

[redacted]

5 Karlo hat im Jahr insgesamt 6 Wochen Urlaub. Zuerst macht er eine 12-tägige Radtour. Danach besucht er 1 Woche und 3 Tage seinen Bruder. Wie viele Tage von seinen Ferien bleiben ihm übrig?

[redacted]

Auf einen Blick

Hier kannst du alles Wichtige noch einmal nachschauen:

Geld

ct = Cent
€ = Euro

1 ct = 0,01 €
1 € = 100 ct

Beispiel:
1 € 10 ct = 1,10 € = 110 ct

Längen

mm = Millimeter
cm = Zentimeter
m = Meter
km = Kilometer

1 cm = 10 mm
1 m = 100 cm
1 km = 1 000 m

Beispiel:
8 km 300 m = 8,300 km = 8 300 m

Gewichte

g = Gramm
kg = Kilogramm
t = Tonne

1 kg = 1 000 g
1 t = 1 000 kg

Beispiel:
4 kg 300 g = 4,300 kg = 4 300 g

Zeit

s = Sekunde
min = Minute
h = Stunde

1 min = 60 s
1 h = 60 min
1 Tag = 24 h

Beispiel:
1 h 20 min = 80 min

Mit diesen Lösungshilfen kannst du jede Textaufgabe selbstständig lösen:

- Unterstreiche wichtige Informationen im Text.
- Achte auf Signalwörter. Sie verraten dir die Rechenart.
- Bei vielen Aufgaben hilft dir ein Rechenbaum, eine Zeichnung, eine Tabelle oder ein Pfeilbild.

Wiederholung

Auf den nächsten drei Seiten kannst du den Stoff des Heftes noch einmal wiederholen. Lege für das Zeichnen der Lösungshilfen dein Heft bereit.

1 Bei welchen Signalwörtern musst du • und bei welchen – rechnen? Trage ein.

je	[redacted]	weniger	[redacted]	wegnehmen	[redacted]
verlieren	[redacted]	pro Stück	[redacted]	das Doppelte	[redacted]

2 Lena möchte sich ein Kleid nähen. Sie kauft dafür 2 m roten Stoff zu je 6 € und 6 Knöpfe pro 0,50 €. Unterstreiche die Signalwörter und rechne den Gesamtpreis für das Kleid aus.

?

!

[redacted]

3 Kim kauft sich eine Bratwurst und eine Flasche Limo. Wie viel Geld bekommt sie zurück, wenn sie mit einem 10-€-Schein bezahlt?

[redacted]

!

4 Beim Sportfest springt Julian 1,05 m hoch. Tom springt 25 cm höher. Rechne aus, wie hoch Tom springt. Gib das Ergebnis in m an. Eine Zeichnung kann dir helfen.

5 Karlo hat ein Fotoalbum mit 36 Seiten gekauft. Auf jede Seite passen 4 Bilder.

a) Wie viele Bilder kann er insgesamt in das Album einkleben?
b) 48 Bilder hat er bereits eingeklebt. Wie viele Seiten sind schon voll?

[redacted]

a)

b)

6 Familie Müller macht mit dem Auto einen Ausflug. Die Strecke beträgt auf der Hinfahrt 43 km, auf der Rückfahrt 55 km. Am Abend zeigt der Kilometerzähler 175 km an. Wie viele km zeigte der Tacho am Morgen vor der Abfahrt an?

7 Karlo hat in seiner großen Kiste 2 kg Äpfel, 250 g Kaffee, 500 g Kekse und 150 g Bonbons. Wie viel g wiegen die Lebensmittel?

[redacted]

8 Ein Schnellzug fährt die Strecke von Frankfurt nach Köln in 2 Stunden und 15 Minuten. Wann kommt er in Köln an, wenn er in Frankfurt um 12.30 Uhr abfährt?

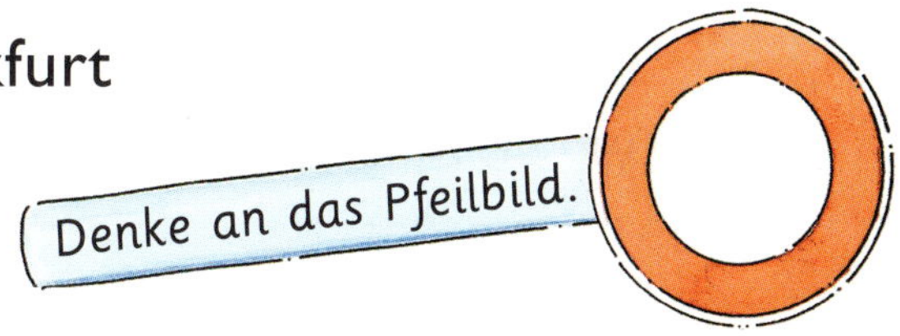

[redacted]

9 Karlo und Konfetti machen einen langen Spaziergang. Sie laufen um 13.30 Uhr los und kommen erst um 18.45 wieder nach Hause. Wie lange waren die beiden unterwegs?

[redacted]

Knack den Code

Code knacken
und 14 Tage
kostenlos
online lernen auf
scoyo™.de*
Spielen, lernen, gute Noten.

Auf jeder Doppelseite (Seite 98 – 127) findest du eine kleine braune Lupe. Darin steht jeweils eine Zahl.

- Schreibe die Zahlen nacheinander auf die Linien.
- Ersetze sie dann durch die Buchstaben, die auf dem Zettel versteckt sind: zum Beispiel 27 durch den Buchstaben N.
- Trage jeweils den passenden Buchstaben unter der Zahl ein. Wie heißt der Lösungssatz?

CODE

42 =	35 =
11 =	17 =
23 =	6 =
7 =	20 =
19 =	5 =
27 =	32 =
14 =	10 =

___ ___   ___ ___ ___ ___   ___ 32 ___

___ 5 ___ ___ ___ 27 14 ___ ___ 32 !

Hast du den Lösungssatz ermittelt? Dann kannst du online spielend weiterlernen auf scoyo.de.
Notiere hier der Reihe nach die Buchstaben aus den grün markierten Feldern im Lösungssatz.

Besuche im Internet die Seite www.scoyo.de/ravensburger und gib dort die Buchstabenkombination aus dem Heft ein. Über 4 000 Lerngeschichten und mehr als 10 000 Übungen und Tests warten auf dich.
Viel Spaß beim Lernen mit scoyo wünschen dir deine Lern-Detektive

* Keine Vertragsbindung, keine Verlängerung – Kinder können scoyo 14 Tage lang völlig unverbindlich und kostenfrei testen. Die Testphase endet automatisch und ist mit keinerlei